T/CAGHP 002—2018

目　次

前言 ··· Ⅲ
1 范围 ··· 1
2 地质环境条件 ·· 1
　2.1 一般术语 ··· 1
　2.2 气象与水文 ·· 1
　2.3 地形地貌 ··· 3
　2.4 地层岩性 ··· 4
　2.5 地质构造 ··· 5
　2.6 地震地质与新构造运动 ··· 6
　2.7 水文地质 ··· 8
　2.8 岩土物理力学性质 ·· 11
3 地质灾害 ·· 16
　3.1 一般术语 ··· 16
　3.2 崩塌 ··· 17
　3.3 滑坡 ··· 18
　3.4 泥石流 ·· 22
　3.5 地面塌陷 ··· 25
　3.6 地裂缝 ·· 28
　3.7 地面沉降 ··· 29
　3.8 其他 ··· 30
4 调查与勘查 ··· 32
　4.1 地质灾害调查 ··· 32
　4.2 地质灾害勘查 ··· 34
5 评价与评估 ··· 39
　5.1 稳定性评价 ·· 39
　5.2 灾情评估 ··· 40
　5.3 危险性评估 ·· 41
　5.4 风险评估 ··· 43
6 防治工程设计与施工 ··· 45
　6.1 一般术语 ··· 45
　6.2 排水工程 ··· 47
　6.3 减载、堆压、充填与夯实工程 ·· 49
　6.4 支挡工程 ··· 52
　6.5 拦挡与导流工程 ·· 59
　6.6 锚固与注浆工程 ·· 61

Ⅰ

6.7　护坡工程 ……………………………………………………………………………………… 65
7　监测预警 …………………………………………………………………………………………… 65
　　7.1　监测 …………………………………………………………………………………………… 65
　　7.2　预测预报及预警 ……………………………………………………………………………… 74
8　应急管理与处置 …………………………………………………………………………………… 77
　　8.1　地质灾害应急管理 …………………………………………………………………………… 77
　　8.2　地质灾害应急工作程序 ……………………………………………………………………… 78
　　8.3　地质灾害应急保障与应急处置措施 ………………………………………………………… 80
9　工程监理 …………………………………………………………………………………………… 82
10　工程概预算 ………………………………………………………………………………………… 82
11　工程管理 …………………………………………………………………………………………… 83
12　信息化建设 ………………………………………………………………………………………… 85
中文索引 ………………………………………………………………………………………………… 87
英文索引 ………………………………………………………………………………………………… 112

前 言

本标准按照 GB/T 1.1—2009《标准化工作导则 第1部分:标准的结构和编写》给出的规则起草。

本标准由中国地质灾害防治工程行业协会提出并归口。

本标准主要起草单位:中国地质大学(武汉)、中国地质科学院探矿工艺研究所。本标准参与起草单位:山东大学、长安大学、武汉理工大学、湖北省国土资源厅地质灾害应急中心。

本标准主要起草人:唐辉明、邓清禄、王亮清、石胜伟、胡新丽、吴益平、胡时友、熊承仁、谢妮、马霄汉、彭建兵、李术才、邓亚虹、申翃、张涛、黄海、徐景田、杜琦、苑谊、许振浩、李利平、庄建奇、张乾青、孙超群、李飞霞、王晗、魏宝华。

本标准由中国地质灾害防治工程行业协会负责解释。

地质灾害防治基本术语(试行)

1 范围

本标准规定了地质环境条件、地质灾害、地质灾害调查与勘查、地质灾害评价、防治工程设计与施工、监测预警、应急管理与处置、工程监理、工程费用概预算、工程管理、信息化建设等方面的基本术语。

本标准所称地质灾害,主要包括崩塌、滑坡、泥石流、地面塌陷、地裂缝、地面沉降六大类型。

本标准适用于地质灾害防治有关的文件、标准、规程、规范、书刊、教材和手册等。

2 地质环境条件

2.1 一般术语

2.1.1
地质环境 geological environments

由岩石圈表层与大气圈、水圈、生物圈相互作用形成的自然系统。

2.1.2
地质环境条件 geoenvironmental conditions

专指与地质灾害形成和发展有关的所有地质要素和相关圈层要素的综合。具体包括气象、水文、地形地貌、地层岩性、地质构造、水文地质、岩土类型及其工程性质以及人类活动。

2.1.3
工程地质条件 engineering geological conditions

与工程建设有关的所有地质要素(或条件)的综合,具体包括地形地貌、岩土类型及其工程性质、地质构造、水文地质、工程动力地质作用和天然建筑材料等。

2.1.4
水文地质条件 hydrogeological conditions

与地下水的埋藏、分布、补给、径流、排泄以及水质、水量有关的所有地质要素(或条件)的综合。

2.2 气象与水文

2.2.1
气象 meteorology

大气的物理现象,特别是与人们生活和活动有密切关系的物理现象,如风、云、雨、雪、霜、露、虹、晕、电、雷等。

2.2.2
气候 climate

大气物理特征的长期平均状态。

2.2.3

降水量　precipitation

一定时段内液态或固态(经融化后)降水,未经蒸发、渗透、流失而在水平面上累积的深度。以毫米(mm)为单位。

2.2.4

降雨强度　rainfall intensity

降雨在某一历时内的平均降落量。它可以用单位时间内的降雨深度(mm/min)表示,也可以用单位时间内单位面积上的降雨体积[L/(s·hm^2)]表示。

2.2.5

降雨强度等级　grade of rainfall intensity

采用一定标准对降雨强度大小的分类。降雨强度等级采用12 h(或24 h)降水总量(mm)来划分,小雨<5(0.1～10),中雨5～15(10～25),大雨15～30(25～50),暴雨30～70(50～100),大暴雨70～140(100～250),特大暴雨>140(>250)。

2.2.6

暴雨重现期　storm rainfall recurrence period

一定年代的雨量记录资料统计期间内,大于或等于某暴雨强度的降雨出现一次的平均间隔时间。

2.2.7

强降雨　severe precipitation

中国气象部门规定,强降雨指1 h内的雨量为16 mm或以上的雨,或24 h内的雨量为50 mm或以上的雨。

2.2.8

极端降水　extreme precipitation

是指一定地区在一定时间内出现的历史上罕见的强降水气象事件,发生概率通常小于5%。

2.2.9

水文　hydrology

自然界中水的变化、运动等各种现象的总称。

2.2.10

水文要素　hydrologic elements

构成某一地区、某一时段水文状况的必要因素。降水、蒸发、径流和下渗是水文循环中的四个基本要素。此外,水位、流量、含沙量、水温、冰凌和水质等也可称为水文要素。

2.2.11

径流　runoff

地表或地下沿一定路径流动的水流。

2.2.12

径流模数　runoff modulus

单位流域面积上单位时间所产生的径流量。

2.2.13

汛期　flood season

江河由于流域内季节性降水或冰雪融化,引起定时性的水位上涨时期。

2.2.14
枯水期 dry season

江河流域内降水量少,江河水位处于季节性低位时期。

2.2.15
水库正常蓄水位 normal water level of reservoir

水库在正常运行的情况下,为满足设计的兴利要求在供水期应蓄到的最高水位。又称设计蓄水位。

2.2.16
水库防洪限制水位 limited water level of reservoir for flood control

汛期防洪要求限制水库兴利允许蓄水的上限水位。又称汛前限制水位。

2.2.17
库水位波动 water level fluctuation of reservoir

因季节性或水库调度等原因产生的库水位涨落现象。

2.3 地形地貌

2.3.1
地貌 geomorphy, topography

一个地区总体地表形态轮廓的总称。

2.3.2
地形 geography, landform

一个区域的地表形态,包括高差、坡型、坡度等特征及其在空间上的变化情况。与地貌概念相比,它侧重于表述地面的形态。

2.3.3
地貌类型 geomorphic type

具有共同形态特征和成因的地貌单元,也指以形态特征和成因类型为基础的地貌分类系统。

2.3.4
地貌单元 geomorphic unit

地貌分类系统划分出的地貌实体,如大陆、海洋、高原、平原、山地等。

2.3.5
顺向坡 consequent slope

坡向与层面倾向相同的斜坡。

2.3.6
逆向坡 reverse slope

坡向与层面倾向相反的斜坡。

2.3.7
斜交坡 oblique slope

坡向与层面走向斜交的斜坡。又可分为顺向斜交坡和逆向斜交坡。

2.3.8
坡形 slope form

坡面的几何形态。在三维空间中坡形可以是平面或曲面,在二维空间中坡形可以是直线或曲线。二维空间中,曲线坡形又分凸形、凹形和"S"形等。

2.3.9

坡度 slope angle

斜坡陡缓的程度。常用的坡度表示方法有百分比法和度数法。

2.3.10

分水岭 watershed, drainage divide

分隔相邻两个流域的山岭或高地。

2.3.11

河流阶地 fluvial terrace, river terrace

沿河岸分布的、由河流作用形成的高出河床且不被一般洪水淹没的阶梯状地形。

2.3.12

夷平面 planation surface

地壳在长期稳定的条件下,各种外动力地质作用对地面进行剥蚀与堆积的过程中形成的一个近似平坦的地面,又称均夷面。

2.3.13

岩溶 karst

水对可溶性岩石进行以化学溶蚀作用为特征的综合地质作用,以及由此所产生的地貌现象。又称喀斯特。

2.3.14

溶洞 karst cave

地下水溶解侵蚀可溶性岩层所形成的洞穴。

2.3.15

岩溶漏斗 doline, krast funnel

呈漏斗状或碟状封闭的岩溶洼地,又称喀斯特漏斗,较大者又称斗淋。

2.3.16

岩溶槽谷 karst trough valley

有流水作用参与形成的长条状的岩溶洼地,又称岩溶谷地。

2.3.17

黄土塬 loess tableland

顶面平坦宽阔、周边为沟谷切割的黄土堆积高地。

2.3.18

黄土梁 loess ridge

黄土地区长条形的黄土高地。

2.3.19

黄土峁 loess hillock

黄土地区孤立的黄土丘陵。

2.4 地层岩性

2.4.1

岩浆岩 magmatic rock, igneous rock

由岩浆凝结形成的岩石(分为侵入岩和喷出岩两大类)。又称火成岩。

2.4.2

沉积岩　sedimentary rock

在地壳表层条件下，母岩经风化作用、生物作用、化学作用和某种火山作用的产物，经过搬运、沉积形成成层的松散沉积物，后经固结而成的岩石。

2.4.3

变质岩　metamorphic rock

由变质作用形成的岩石，即在变质作用条件下，地壳中已经存在的岩石变成具有新的矿物组合及变质结构与构造特征的岩石。

2.5　地质构造

2.5.1

地质构造　geological structure

泛指从全球到超显微领域不同尺度地质体的结构特征及其内部组分或单元的相互配置关系和形貌特征。本标准中地质构造主要是指地质体或岩石形成过程中产生的，或形成之后发生变形、变位所显现的中小型形迹，如褶皱、断层、节理等。又称构造形迹。

2.5.2

褶皱　fold

岩石或岩层受力而发生的弯曲变形现象。

2.5.3

背斜　anticline

岩层向上弯曲形成的褶皱形态，其核部岩层时代较老，两翼岩层时代较新。

2.5.4

向斜　syncline

岩层向下弯曲形成的褶皱形态，其核部岩层时代较新，两翼岩层时代较老。

2.5.5

断裂　rupture

当岩石受力变形、应力达到破裂强度时，发生破裂或断开的现象。

2.5.6

断层　fault

组成地壳的岩石或岩体中出现破裂，并沿着破裂面发生明显位移的破裂构造。

2.5.7

正断层　normal fault

断层上盘沿倾斜断层面相对下降的倾向滑动断层。

2.5.8

逆断层　reverse fault

断层上盘沿倾斜断层面相对上升的倾向滑动断层。

2.5.9

平移断层　slip fault

两盘沿断层面走向发生相对错动的断层，也称走向滑动断层。

2.5.10

顺层断层 bedding fault

断层面平行于所在岩层层面的断层。

2.5.11

节理 joint

岩石中未发生明显位移的破裂面。

2.5.12

张节理 tension joint

岩石在垂直于张应力方向上发生张裂而形成的节理。

2.5.13

剪节理 shear joint

岩石受剪应力作用而形成的节理。

2.5.14

岩体结构面 rock mass discontinuity

岩体内地质分界面和不连续面。

2.5.15

岩体结构 rockmass structure

岩体中结构面和结构体的大小、形状及组合方式。

2.5.16

软弱结构面 weak discontinuity, plane of weakness

力学强度明显低于围岩,一般充填有一定厚度软弱物质的结构面。

2.5.17

共轭节理 conjugated joint

岩石在同一应力作用下沿着两组共轭剪切面产生的交叉剪节理。又称 X 节理。

2.5.18

劈理 cleavage

变形岩石中能沿平行排列的次生密集的微破裂面或潜在的破裂面将岩石劈开成无数薄板或薄片的面状构造。

2.5.19

线理 lineation

泛指岩石中的小尺度透入性线状构造。

2.6 地震地质与新构造运动

2.6.1

地震 earthquake

地壳破裂后,快速释放能量过程中因弹性波传播引起的大地振动现象,包括天然地震、诱发地震和人工地震。一般指天然地震中的构造地震。

2.6.2

震源 focus, seismic source

地球内部发生地震时振动的发源地。通常指地震发生时地下岩石最先开始破裂的部位。

2.6.3

震中 epicentre

震源在地面上的投影。

2.6.4

震级 earthquake magnitude

对地震释放能量大小的相对量度。根据作为计算依据的地震记录的不同,可分为面波震级(M_s)、体波震级(M_b)、近震震级(M_L)等不同类别。

2.6.5

地震烈度 seismic intensity

地震引起的地面震动及其影响的强弱程度。

2.6.6

地震波 seismic wave

地震时从震源向外释放出来的部分能量以弹性波的形式向周围传播,称地震波。

2.6.7

地震地质 seismic geology

研究地震的地质成因和发育规律的学科。

2.6.8

新构造运动 neotectonic movement

造成现代地势基本特点的构造作用。

2.6.9

活动断层 active fault

简称活断层,是指现今仍在持续活动,或在人类历史时期、或近期地质时期曾活动过,并且极有可能在不远的将来重新活动的断层。

2.6.10

地震活动断层 seismo-active fault

曾发生和可能发生地震的活动断层。

2.6.11

发震构造 seismogenic structure

发生地震的地质构造。

2.6.12

震源机制 focal mechanism

震源区在地震发生时的力学状态及过程,包括震源区主应力方向、地震断层的破裂方向、破裂速度与应力降等。

2.6.13

地震效应 earthquake effect

在地震影响所及的范围内,地面出现的各种震害和破坏现象。

2.6.14

地面破坏效应 ground damage effect

在地震影响所及的范围内,地表岩土体出现破裂和位移或地基失效的现象。

2.6.15
斜坡破坏效应 slope failure effect

地震引起斜坡变形和破坏的现象,包括地震导致的滑坡、崩塌或泥石流等。主要发生在山区和丘陵地带的斜坡部位。

2.6.16
砂土液化 sand liquefaction

饱水砂土受振动时,孔隙水压力增大,有效应力减小以致消失,使砂土丧失强度而呈现液体性状的过程和现象。

2.6.17
地震动参数 ground motion parameter

表征地震引起的地面运动的物理参数,包括峰值、反应谱和持续时间等。

2.6.18
地震动峰值加速度 seismic peak acceleration

与地震动加速度反应谱最大值相对应的水平加速度。

2.6.19
卓越周期 predominant period

随机震动过程中出现概率最多的周期,常用以描述地震震动或场地特征。

2.6.20
动力系数 dynamic coefficient

承受动力荷载的结构或构件,当按静力设计时采用的系数,其值为结构或构件的最大动力效应与相应的静力效应的比值。

2.6.21
地震系数 seismic coefficient

地震时地面最大加速度与重力加速度的比值,以 K 表示。是确定地震烈度的一个定量指标。

2.6.22
抗震设防烈度 seismic fortification intensity

按照国家规定的权限批准作为一个地区抗震设防依据的地震烈度。

2.6.23
超越概率 exceeding probability

在一定时期内,工程场地可能遭遇大于或等于给定的地震烈度或地震动参数值的概率。

2.7 水文地质

2.7.1
地下水 groundwater

埋藏于地表以下的各种形式的重力水。

2.7.2
地下水位 groundwater level

地下含水层水面的高程。

2.7.3
浸润线 phreatic line, saturation line

土体中渗流水自由表面的位置,在剖面上为一条曲线。

2.7.4
    地下水类型　groundwater type
    根据地下水的来源、埋藏条件、含水介质等对地下水所作的分类。
2.7.5
    孔隙水　pore water
    储存和运动于松散沉积物或胶结不良沉积物的孔隙中的地下水。
2.7.6
    裂隙水　fissure water
    赋存并运动于岩体裂隙中的地下水。
2.7.7
    岩溶水　karst water
    赋存并运动于可溶性岩层的溶蚀裂隙和洞穴中的地下水。又称喀斯特水。
2.7.8
    承压水　confined water
    充满于上下两个相对隔水层间的具有承压性质的地下水。
2.7.9
    潜水　phreatic water
    埋藏在地表以下、第一个稳定隔水层以上、具有自由水面的重力水。
2.7.10
    上层滞水　perched water
    埋藏在包气带中局部隔水层之上的重力水。
2.7.11
    透水性　permeability
    岩土体允许重力水透过的能力,其定量指标是渗透系数。
2.7.12
    含水层　aquifer
    能透水且饱含重力水的岩土层。
2.7.13
    隔水层　aquifuge, aquiclude, impermeable layer
    不能给出并透过水的岩土层,或者能给出与透过极少量水的岩土层。
2.7.14
    透水层　permeable stratum
    重力水流能够透过的土层或岩层。透水层的透水性强弱主要取决于空隙的大小及空隙的联通程度,一般用渗透系数来衡量。
2.7.15
    地下水赋存条件　groundwater occurrence conditions
    地下水埋藏和分布、含水介质和含水构造等条件的总称。
2.7.16
    地下水补给条件　groundwater recharge conditions
    含水层的补给来源、补给量、补给方式、补给途径和补给区大小等的总称。

2.7.17
水文地质单元 hydrogeological unit

具有统一补给边界和补给、径流、排泄条件的地下水系统。

2.7.18
水文地质分区 hydrogeological division

针对不同目的将研究区按水文地质条件的差异性划分的若干个块段。

2.7.19
补给区 recharge area

含水层出露或接近地表接受大气降水和地表水等入渗补给的地区。

2.7.20
径流区 runoff area

含水层的地下水从补给区至排泄区的流经范围。

2.7.21
排泄区 discharge area

含水层的地下水向外部排泄的范围。

2.7.22
水头损失 water head loss

地下水渗透过程中由于水的黏滞性引起的摩擦及克服局部阻力所消耗的水头。

2.7.23
渗透 seepage

地下水在岩土空隙中的运动称为渗透。

2.7.24
渗流 seepage flow

用一种假想水流来代替真实的地下水流,一是不考虑渗透途径的迂回曲折,只考虑地下水流方向;二是不考虑岩层的颗粒骨架,假想含水层的空间全被水流充满,这种假想的水流称为渗流。

2.7.25
渗流场 seepage field

渗透水流所占据的空间区域。

2.7.26
渗流速度 seepage velocity

渗透水流单位时间通过单位过水断面的水量,量纲为 L/T。

2.7.27
水力坡度 hydraulic gradient

沿水流运动方向单位渗流路程长度上水位(水头)下降值。

2.7.28
渗透压力 seepage force

水在土中流动的过程中将受到土阻力的作用,使水头逐渐损失;同时,水的渗透将对土骨架产生拖曳力,导致土体中的应力与应变发生变化。这种渗透水流作用对土骨架产生的拖曳力称为渗透压力。又称动水压力。

2.7.29

渗透系数 permeability coefficient, hydraulic conductivity

水力坡度为1时，地下水在介质中的渗透速度，又称水力传导系数，为表征介质导水能力的重要水文地质参数。

2.7.30

达西定律 Darcy's law

法国学者达西1856年通过实验发现的地下水在多孔介质中渗流的基本定律，即流体在多孔介质中的渗透速度(v)与水力坡度(J)呈线性关系，$v=KJ$，K为多孔介质的渗透系数。又称线性渗透定律。

2.7.31

抽水试验 pumping test

通过水文地质钻孔抽水确定水井出水能力，获取含水层的水文地质参数，判明某些水文地质条件的野外水文地质试验工作。

2.7.32

压水试验 pump-in test, water pressure test, packer test

利用水泵或者水柱自重，将清水压入钻孔试验段，根据一定时间内压入的水量和施加压力大小的关系，计算岩体相对透水性和了解裂隙发育程度的试验。

2.7.33

注水试验 water injection test

往钻孔中连续注水，使孔内水位保持一定高度，测定岩层渗透系数的水文地质试验。

2.7.34

试坑注水试验 infiltration test

向试坑底部一定面积内注水，并保持固定水头，以测定土层渗透性的原位试验。又称渗水试验。

2.8 岩土物理力学性质

2.8.1

土粒比重 specific gravity of soil particle

土粒的质量与同体积4℃时纯水的质量之比。

2.8.2

土密度 soil density

单位体积土的质量。

2.8.3

土重度 unit weight of soil

单位体积土的重量。单位为N/m^3。也称土容重。

2.8.4

含水率 moisture content, water content of soil

土中水的质量与土粒质量之比，用百分数表示。

2.8.5

孔隙比 void ratio

土中孔隙体积与土中固体颗粒体积的比值，用小数表示。

2.8.6

  孔隙度　porosity

  土中孔隙总体积与土的总体积之比,用百分数表示。又称孔隙率。

2.8.7

  密实度　dense degree, compactness

  土中固体颗粒体积占总体积的比例。

2.8.8

  相对密度　relative density

  反映无黏性土紧密程度的实测指标。公式为:$Dr=(e_{max}-e)/(e_{max}-e_{min})$。式中:$e_{max}$为最大孔隙比,即最疏松状态下的孔隙比;$e_{min}$为最小孔隙比,即最紧密状态下的孔隙比;$e$为孔隙比。

2.8.9

  稠度　consistency

  黏性土因含水多少而表现出的软硬程度。

2.8.10

  可塑性　plasticity

  黏性土在外力作用下形状发生变化而整体不受破坏、外力消失后仍能保持变形形状的性能。

2.8.11

  液限　liquid limit

  黏性土由流动状态转变为可塑状态的界限含水率。

2.8.12

  塑限　plastic limit

  黏性土由可塑状态转变为半固体状态的界限含水率。

2.8.13

  塑性指数　plastic index

  液限与塑限之差(去掉百分数符号)。

2.8.14

  液性指数　liquidity index

  黏性土的天然含水率与塑限的差值和液限与塑限差值(塑性指数)之比。

2.8.15

  胀缩性　swell-shrink characteristics

  黏性土由于含水率的增加而发生体积增大的性能称膨胀性;由于土中水分蒸发而引起体积减少的性能称收缩性;两者统称胀缩性。

2.8.16

  崩解性　disintegration

  黏性土浸入静水后,由于土粒间的结构联结和强度丧失,使土体崩散解体的特性。

2.8.17

  湿陷性　collapsibility

  受水浸湿后黄土类土在自重或外部荷载下因结构破坏而发生沉陷的性能。

2.8.18

  压缩性　compressibility

  土体的压缩性是指土受压时体积变小的性质。一般认为,这主要是由于土中孔隙体积被压缩而引起的。

2.8.19

压缩模量 compression modulus

土体在有侧限条件下受压时,压应力增量与压应变增量的比值。

2.8.20

压缩系数 compressibility coefficient

土在有侧限条件下受压时,在压力变化不大范围内,孔隙比的变化值(减小量)与压力的变化值(增加量)的比值。可由压缩曲线求得。

2.8.21

膨胀率 expansion rate

黏性土在一定条件下浸水,待试样吸水膨胀稳定后的体积增量与原始体积的比值(体积膨胀率),或在有侧限条件下,吸水膨胀稳定后的高度增量与原始高度的比值(线膨胀率)。

2.8.22

收缩率 shrinkage rate

黏性土在一定条件下失水,待试样失水收缩稳定后的体积减小与原始体积的比值(体缩率),或在有侧限条件下,失水收缩稳定后的高度减小与原始高度的比值(线缩率)。

2.8.23

湿陷系数 coefficient of collapsibility

土样在一定压力下,浸水前后高度差(湿陷量)与原始高度的比值。

2.8.24

内聚力 cohesion

岩土体颗粒之间的黏结力。又称黏聚力、凝聚力。

2.8.25

内摩擦角 internal friction angle

反映岩土体中颗粒间相互移动和胶合作用所形成的摩擦特性参数。其值为剪切破坏包线与横坐标轴的夹角。

2.8.26

岩石比重 rock specific gravity

岩石固体的质量与4℃时同体积水的质量之比值。

2.8.27

岩石密度 rock density

单位体积岩石的质量,分为干密度、饱和密度、天然密度。

2.8.28

岩石重度 unit weight of rock

单位体积岩石的重量。单位为N/m^3。也称岩石容重。

2.8.29

岩石含水率 water content of rock

岩石试件在105℃~110℃烘至恒重时所失去水的质量与试件干质量的比值。

2.8.30

岩石吸水率 rock water absorption

岩石在常温常压条件下自由吸入水分的质量与岩石干质量之比的百分数。

2.8.31
　　岩石饱水率　rock water saturation
　　岩石在高压(一般为 15 MPa)或真空条件下吸收水分的质量与岩石干质量之比的百分数。

2.8.32
　　岩石饱水系数　rock water saturation coefficient
　　岩石的饱水率与吸水率之比。

2.8.33
　　岩石空隙率　rock porosity
　　岩石试件内空隙的体积占试件总体积的百分比。

2.8.34
　　岩石空隙指数　rock void index
　　在 0.1 MPa 条件下干燥岩石吸入水的质量与岩石干质量之比。

2.8.35
　　抗拉强度　tensile strength
　　岩石试件抵抗拉断破坏的能力,为岩石试件拉伸破坏时的极限荷载与受拉截面积的比值。

2.8.36
　　抗压强度　compressive strength
　　岩石试件抵抗压裂破坏的能力,为岩石试件压缩破坏时的极限荷载与承压截面积的比值,分为单轴抗压强度和三轴抗压强度。

2.8.37
　　单轴抗压强度　uniaxial compressive strength
　　岩石试件在无侧限条件下受轴向拉力作用破坏时单位面积所承受的荷载。

2.8.38
　　三轴抗压强度　triaxial compressive strength
　　岩石试件在三向应力状态下受轴向压力作用破坏时单位面积所承受的荷载。

2.8.39
　　抗剪强度　shear strength
　　岩土体在剪切面上所能承受的极限剪应力。

2.8.40
　　峰值强度　peak strength
　　岩土材料试样应力-应变全过程曲线上的最高点对应的最大应力值称为峰值强度。

2.8.41
　　残余强度　residual strength
　　岩土破坏后残留的抵抗外荷载的能力,可在应力-应变全过程曲线上求得。

2.8.42
　　结构面法向刚度　normal stiffness of discontinuity
　　反映结构面法向变形性质的参数,定义为在法向应力作用下,结构面产生单位法向变形所需要的应力。

2.8.43
　　结构面剪切刚度　shear stiffness of discontinuity
　　反映结构面剪切变形性质的参数,定义为在一定法向应力下,结构面产生单位剪切位移时所需要的剪应力。

2.8.44

软化系数 softening coefficient

岩石饱水后的极限抗压强度与干燥时的极限抗压强度之比。

2.8.45

弹性变形 elastic deformation

岩土受荷载时产生变形,卸去荷载后变形能部分恢复,所恢复的那一部分变形称为弹性变形。

2.8.46

塑性变形 plastic deformation

岩土受荷载时产生变形,卸去荷载后不可恢复的那部分变形。

2.8.47

弹性模量 modulus of elasticity

岩石在弹性变形范围为应力与应变之比,简称弹模。

2.8.48

变形模量 deformation modulus

岩土在单轴压缩条件下,轴向压应力和全应变(包括弹性变形和塑性变形)之比值。

2.8.49

泊松比 Poisson's ratio

岩土在无侧限条件下单轴受压时,侧向应变与轴向应变之比值。

2.8.50

黏性 viscosity

岩土受力后变形不能在瞬时完成,且应变速率随应力增大而增加的性质。

2.8.51

脆性 brittleness

岩土在外力作用下应变量很小时即会发生破坏的性质。

2.8.52

韧性 toughness

表示岩土在塑性变形和断裂过程中吸收能量的能力。韧性越好,则发生脆性断裂的可能性越小。

2.8.53

流变性 rheology

岩土在外部条件不变时,变形或应力随时间变化的性质,主要包括蠕变、松弛和弹性后效。

2.8.54

蠕变 creep

岩土在恒定荷载作用下,变形随时间缓慢增长的过程和特性,是岩土流变性的表现之一。

2.8.55

松弛 relaxation

岩土在变形保持一定时,其内部应力随时间增长而衰减的现象。

3 地质灾害

3.1 一般术语

3.1.1

地质灾害 geological hazard (geohazard), geological disaster (geodisaster)

由于自然或人为因素引发的、危害或威胁人类生命和财产安全及生存环境质量的不良地质作用和现象，包括崩塌、滑坡、泥石流、地面塌陷、地裂缝、地面沉降等。

3.1.2

灾害链 disaster chain

原生灾害及其引起的一种或多种次生灾害所形成的灾害系列。原生灾害是由内外动力作用或环境异常变化直接形成的自然灾害；次生灾害是由原生灾害引起的"连带性"或"延续性"灾害。

3.1.3

地质灾害分类 classification of geohazard

根据地质灾害形成原因、动态过程、分布规律等特征划分地质灾害的类型。

3.1.4

承灾体 hazard-affected body

对一个地区内受地质灾害威胁的各种对象的统称，包括人口、财产、经济活动、公共设施、土地、资源和环境等。

3.1.5

地质灾害灾情等级 grade of geological disaster situation

针对地质灾害破坏损失的特点，依据地质灾害造成的人员伤亡和直接经济损失，对地质灾害灾情进行的分级。分为四个等级：
a) 特大型：因灾死亡30人以上或者直接经济损失1 000万元以上；
b) 大型：因灾死亡10人以上30人以下或者直接经济损失500万元以上1 000万元以下；
c) 中型：因灾死亡3人以上10人以下或者直接经济损失100万元以上500万元以下；
d) 小型：因灾死亡3人以下或者直接经济损失100万元以下。

3.1.6

地质灾害险情等级 degree of geological hazard

针对即将发生的地质灾害，根据可能导致的破坏和损失，主要包括受灾害威胁、需搬迁转移人数或潜在的经济损失两项指标，对地质灾害险情进行的分级。分为四个等级：
a) 特大型（Ⅰ级）：受灾害威胁、需搬迁转移人数在1 000人以上，或潜在可能造成的经济损失1亿元以上；
b) 大型（Ⅱ级）：受灾害威胁、需搬迁转移人数在500人以上1 000人以下，或潜在经济损失5 000万元以上1亿元以下；
c) 中型（Ⅲ级）：受灾害威胁、需搬迁转移人数在100人以上500人以下，或潜在经济损失500万元以上5 000万元以下；
d) 小型（Ⅳ级）：受灾害威胁、需搬迁转移人数在100人以下，或潜在经济损失500万元以下。

3.2 崩塌

3.2.1
崩塌 avalanche, fall, rockfall
陡峻斜坡上的岩土体,在重力等因素作用下突然脱离母体,发生以坠落、跳跃、翻滚等为主要方式的运动过程与现象。

3.2.2
落石 boulder fall
指小规模崩塌。陡峻斜坡上单个岩石块体或小规模的岩体崩塌。

3.2.3
山崩 avalanche
通常指大规模崩塌。

3.2.4
危岩体 dangerous rockmass, rockmass prone to rockfall, unstable rock mass
被多组结构面切割分离、稳定性差,可能发生崩塌的地质体。又称危岩。

3.2.5
崩塌堆积体 colluvial deposit, colluvial accumulation
崩塌下落的石块、碎屑物或土体在坡脚地带堆积而成的地质体。

3.2.6
倒石堆 talus
崩塌形成的大量石块、碎屑物或土体堆积在陡崖的坡脚或较开阔的山麓地带,形成的堆积地貌。

3.2.7
崩塌分类 types of rockfall
按崩塌形成机理、运动形式划分的崩塌类型,如倾倒式崩塌、滑移式崩塌、坠落式崩塌等。

3.2.8
滑移式崩塌 sliding-type rockfall
陡峻斜坡的岩体在重力等因素作用下沿着距离坡脚一定高度的倾向坡外的软弱结构面滑出坡外,继而以坠落运动为主的过程与现象。

3.2.9
倾倒式崩塌 toppling-type rockfall
陡峻斜坡上以垂直节理或裂隙与稳定母岩分开的岩体,在重力等因素作用下,绕坡脚一点向坡外转动、倾倒坠落的过程与现象。

3.2.10
坠落式崩塌 falling-type rockfall
陡坡岩体受节理裂隙切割或下部悬空,在重力等因素作用下脱离母体并发生以坠落的形式为主的过程与现象。

3.2.11
崩塌规模 scale of rockfall
指崩塌(危岩体或崩塌堆积体)的空间范围,包括其长度、宽度、厚度及体积的大小。

3.2.12
崩塌规模等级 class of rockfall scale

根据可能崩塌体(危岩)或崩塌堆积体体积划分的崩塌等级。通常分为特大型($V \geqslant 100 \times 10^4 \text{ m}^3$)、大型($100 \times 10^4 \text{ m}^3 > V \geqslant 10 \times 10^4 \text{ m}^3$)、中型($10 \times 10^4 \text{ m}^3 > V \geqslant 1 \times 10^4 \text{ m}^3$)、小型($V < 1 \times 10^4 \text{ m}^3$)四级。

3.2.13
崩塌前兆 rockfall precursor

崩塌发生前出现的现象。

3.2.14
崩塌气浪 air wave of rockfall

崩塌岩土体快速运动所产生的气体冲击波。

3.3 滑坡

3.3.1
滑坡 landslide, slide

斜坡上的岩土体,在重力等因素作用下,沿一定软弱面或者软弱带,产生以水平方向为主的顺坡运动的过程或现象。

3.3.2
滑坡要素 landslide elements

滑坡各部分的形态特征及其组合,如滑坡体、滑面、滑带、滑坡床、滑坡壁、滑坡周界、滑坡主轴线等。

3.3.3
滑坡体 main body of landslide, landslide body

滑坡中滑面(带)以上、经过滑动的岩土体,简称滑体。

3.3.4
滑坡床 landslide bed

滑坡中滑面(带)以下、未发生滑动的岩土体,简称滑床。

3.3.5
滑动面 sliding surface, slip surface, rupture surface

滑体与滑床之间的分界面,也就是滑体沿之滑动、与滑床相接触的面,简称滑面。

3.3.6
滑动带 sliding zone

滑坡长期蠕变或多次反复滑动作用下,平行滑动面一定厚度的岩土层受揉皱及剪切破碎形成的、富含黏粒及应力作用明显的软弱带,简称滑带。

3.3.7
滑坡轴 sliding axis

滑坡发生时,滑体运动速度最快的纵向线。它代表整个滑坡滑动方向,位于滑床凹槽最深的纵断面上。可为直线或曲线。也称主滑线、滑坡主轴。

3.3.8
滑坡周界 landslide boundary

滑坡体与其周围不动体在平面上的分界线称为滑坡周界。

3.3.9

滑坡后缘 upper edge of landslide

滑坡体后侧边界线。

3.3.10

滑坡后壁 main scarp

滑坡体后缘与不动的山体脱离开后,暴露在外面的形似壁状的分界面。

3.3.11

滑坡侧缘 side edges of landslide

滑坡体两侧的边界线。

3.3.12

滑坡侧壁 minor scarp

滑坡体滑动后,侧缘与未滑动的斜坡之间暴露出来的壁状的分界面。

3.3.13

滑坡前缘 toe

滑坡体前端边界线。

3.3.14

滑坡舌 tongue of landslide foot, landslide tongue

滑坡体前端形如舌状伸出的部分。

3.3.15

后缘裂缝 cracks at rear of landslide

滑坡体变形滑动过程中在滑坡后部形成的拉张裂缝,一般呈弧形,与滑动方向垂直。

3.3.16

滑坡平台 head, landslide platform

受滑动面形态影响,滑坡体表面形成的开阔平缓的地形。

3.3.17

滑坡台阶 terrace steps on landslide surface

由于滑坡体各部分滑动速度的差异,或滑动时间先后不同,在滑坡体表面形成的阶状错台。

3.3.18

放射状裂缝 radial cracks

位于滑坡体前部,特别是在滑坡舌部较多,平面分布呈扇骨状的张裂缝,系滑坡前部挤压或侧向扩离所形成。也称扇形张裂缝。

3.3.19

滑坡鼓丘 transverse ridges

滑坡体前缘因受阻力而隆起的小丘。

3.3.20

横张裂缝 transverse cracks

发育于滑坡体中后部,与滑坡轴方向垂直的拉张裂缝。

3.3.21

滑坡裂隙 landslide cracks

滑坡在变形或滑动过程中,因各部位受力性质、受力大小和变形速率不同等差异而产生的裂隙。

一般可分为拉张裂隙、剪切裂隙、鼓张裂隙、羽状裂隙、扇形裂隙等。也称滑坡裂缝。

3.3.22

剪出口 toe of the surface of rupture

滑面与斜坡下部原始地面的交线。

3.3.23

滑坡泉 landslide spring

滑坡发生后,改变了原有斜坡的水文地质结构,在滑体内或滑体周缘形成新的地下水集中的排泄点。

3.3.24

堰塞湖 barrier lake

地震、火山等灾害后引起的大规模山体崩塌、滑坡、泥石流,河水冲击泥土、山石而造成堆积,堵截河谷或河床后贮水而形成的湖泊。

3.3.25

滑坡分类 landslide classification

根据滑坡组成、结构、规模、活动历史及稳定性等特征划分的滑坡类型。

3.3.26

均质滑坡 homogeneous soil landslide, homogeneous rockmass landslide, homogeneous landslide

发生在没有明显分层或结构面的岩土中的滑坡。

3.3.27

顺层滑坡 consequent landslide, bedding landslide

沿着岩层层面滑动的滑坡。

3.3.28

切层滑坡 insequent landslide

滑动面切过岩层层面的滑坡。

3.3.29

牵引式滑坡 retrogressive landslide

指前部先滑动,由前至后产生变形、滑动的滑坡。又称后退式滑坡。

3.3.30

推移式滑坡 advancing landslide

指上部先变形、滑动,挤压下部产生变形、滑动的滑坡。又称前进式滑坡。

3.3.31

自然滑坡 natural landslide

降雨、河流侵蚀、地震等自然动力作用引发的滑坡。

3.3.32

工程滑坡 engineeringed landslide, landslide induced by engineering activities

工程开挖、堆载、蓄水、排水等人为动力作用引发的滑坡。

3.3.33

高速远程滑坡 long-runout landslide

以极快的速度滑动且最大水平位移远大于最大垂直落差的滑坡。

3.3.34
   滑坡群　landslide group
   一定区域内相邻的、具有一定成生联系的一组滑坡。

3.3.35
   滑坡规模　scale of landslide
   指滑坡的空间范围,即滑坡长度、宽度、厚度及体积的大小。

3.3.36
   滑体厚度　thickness of landslide
   滑动面法线上所测得的滑动面与地面之间的距离。

3.3.37
   滑体厚度分类　classification of landslide thickness
   根据滑坡体厚度进行分类,可分为浅层滑坡(厚度小于 10 m)、中层滑坡(厚度在 10 m~25 m)、深层滑坡(厚度在 25 m~50 m)、超深层滑坡(厚度在 50 m 以上)。

3.3.38
   滑坡规模等级　class of landslide
   根据滑坡体体积划分等级,通常分为四级:
   a) 小型,滑坡体积 $<10\times10^4$ m³;
   b) 中型,滑坡体积 10×10^4 m³~100×10^4 m³;
   c) 大型,滑坡体积 100×10^4 m³~$1\,000\times10^4$ m³;
   d) 特大型,滑坡体积 $>1\,000\times10^4$ m³。

3.3.39
   滑坡发育阶段　developing stage of landslide
   滑坡发育的阶段划分,反映不同的活动特征。通常将滑坡的发育过程划分为蠕动变形、滑动破坏、渐趋稳定三个阶段。有时将滑坡的发生划分为四个阶段,主要差别在于对蠕动变形阶段的划分。

3.3.40
   滑坡形成机理　mechanism of landslide
   泛指滑坡的形成条件、变形破坏过程与运动规律。

3.3.41
   滑坡动力学　landslide dynamics
   研究滑坡的作用力与滑坡运动过程相互关系的科学。

3.3.42
   滑坡复活　landslide reactivation, landslide revival
   滑坡在停止活动较长时间后,又重新发生滑动的现象。

3.3.43
   滑坡前兆　landslide precursor
   滑坡发生前出现的各种现象。

3.3.44
   滑坡涌浪　landslide surge
   岸坡滑坡体滑入水体引起水面剧烈波动的现象或过程。

3.3.45

滑坡气浪 landslide air wave

滑坡岩土体快速运动所产生的气体冲击波。

3.3.46

滑坡气垫效应 air cushion effect of landslide

高速运动滑坡脱离剪出口后,压缩下部空气,并受之托浮或因此所受摩擦阻力减小,从而继续高速滑坡的现象。气垫效应是产生高速远程滑坡的重要原因之一。

3.3.47

变形体 deformed slope

具有明显变形迹象,但尚未发生整体失稳破坏的斜坡体。

3.3.48

易滑地层 slide-prone strata

在天然状态或水作用下,岩体结构或工程性质差、易于产生斜坡变形破坏的地层。

3.4 泥石流

3.4.1

泥石流 debris flow

指山区沟谷或坡面上的松散土体,受暴雨、冰雪融化等水源激发,形成的含有大量泥沙石块的流体,在重力作用下沿沟谷或坡面流动的过程或现象。

3.4.2

泥流 mud flow, mudflow

泥石流的一种。固体成分主要为细粒土,黏度大,呈泥状。

3.4.3

水石流 debris flow with little cohesive soil

泥石流的一种。固体成分主要由砂、石组成,粒径大,堆积物分选性强。

3.4.4

坡面型泥石流 debris flow on slope

指发生在尚未形成明显沟谷的斜坡上的泥石流,其特点是流程短、流速快、流量较小,无明显流通区,形成区与堆积区直接相连。又称山坡型泥石流,或坡面泥石流。

3.4.5

沟谷型泥石流 channelized debris flow

在明显沟谷内形成、运动的泥石流。

3.4.6

高位泥石流 high position debris flow

物源丰富且分布位置相对高、主沟比降较大的沟谷型泥石流。

3.4.7

稀性泥石流 diluted debris flow

以水为主要成分,固体物质含量较低(在10%～40%之间),其中黏性土含量少(黏粒含量一般小于3%),黏性小(黏度小于0.3 Pa·s),流体容重介于13～18 kN/m³之间的泥石流。又称紊流型泥石流。

3.4.8
黏性泥石流 viscous debris flow
固体物质含量较高（一般占40%～60%，最高达80%），其中含大量黏性土（黏粒含量一般大于3%），黏性大（黏度大于0.3 Pa·s），流体容重大于16～23 kN/m³ 的泥石流。

3.4.9
降雨型泥石流 rainfall induced debris flow
由降雨诱发的泥石流。

3.4.10
冰雪融水型泥石流 glacier or snow melt induced debris flow
由冰雪融水诱发的泥石流。

3.4.11
溃决型泥石流 debris flow induced by outburst of reservoir/dammed lake/ice lake
由于水库、堵塞湖、冰湖等突然溃决诱发的泥石流。

3.4.12
土力类泥石流 soil-mechanical debris flow
由饱和土体滑坡、崩塌等失稳转化而成的泥石流。

3.4.13
水力类泥石流 water-mechanical debris flow
由于特大洪水冲刷沟谷或河床，导致大量固体物质进入河沟道而形成的泥石流。

3.4.14
崩滑碎屑流 sturzstrom, catastrophic debris flow
由于高速远程滑坡或崩塌在运动过程中转化而成的岩石碎屑流体。

3.4.15
泥石流主沟长度 main gully length of debris flow
自泥石流沟口沿泥石流沟道至泥石流沟源头的最长距离。

3.4.16
泥石流沟床比降 gradient of debris flow gully
自泥石流沟口至泥石流沟源头的最大高差与最大长度的比值。

3.4.17
泥石流分区 debris flow partition
根据泥石流的运动状态等对泥石流流域的划分，可分为形成区、流通区和堆积区。

3.4.18
泥石流形成区 source area of debris flow
泥石流主要水源、土源或砂石供给和起始源地，位于泥石流流域的上游。又称泥石流物源区。

3.4.19
泥石流流通区 movement area of debris flow
泥石流形成后，向下游集中流经的地区。泥石流流通区的地形多为沟谷，有时为山坡。

3.4.20
泥石流堆积区 accumulation area of debris flow
泥石流碎屑物质大量淤积的地区，位于泥石流下游或中下游。

3.4.21

清水汇流区 water confluence zone

泥石流形成过程中,为泥石流提供清水流量的区域,主要集中在流域的上游区域。

3.4.22

泥石流物源 material source of debris flow

泥石流形成区的松散堆积物。

3.4.23

可启动物源 activatable source to debris flow

一定条件下可以转化为泥石流的松散堆积物。

3.4.24

泥石流规模 scale of debris flow

一次泥石流活动所冲出的固体物质的总量。

3.4.25

泥石流活动频率 frequency of debris flow

泥石流在单位时间内暴发的次数。

3.4.26

泥石流堆积扇 accumulation fan of debris flow

泥石流在沟道出口区域,由于坡度变缓、流速降低,开始大量堆积而形成的一个扇形区域。

3.4.27

泥石流龙头 the first part of debris flow

指泥石流的前端。

3.4.28

泥位 height of debris flow surface

泥石流顶面相对于某一基面的高程。

3.4.29

弯道超高 freeboard phenomenon in curveway

由于离心力的作用,泥石流在弯道处出现凹岸侧泥位高于凸岸侧泥位的现象。

3.4.30

层流 laminar flow

水流流束彼此不相混杂,运动迹线呈近似平行的流动。

3.4.31

紊流 turbulent flow

水流流束相互混杂,运动迹线呈不规则的流动。

3.4.32

泥石流冲击力 impact force of debris flow

泥石流运动过程中,对遭遇目标所产生的动荷载。

3.4.33

泥石流黏性系数 kinematic coefficient of debris flow

描述泥石流体的内摩擦力性质的一个重要物理量,表征液体抵抗形变的能力。又称内摩擦系数或黏度。

3.5 地面塌陷

3.5.1
地面塌陷 ground collapse
地表岩体或者土体,在自然作用或者人为活动影响向下陷落,在地面形成凹陷、坑洞或裂缝的过程和现象。可分为岩溶地面塌陷和采空地面塌陷。

3.5.2
岩溶地面塌陷 karst collapse
岩溶洞隙上方的岩土体在自然或人为因素作用下发生变形破坏,并在地面形成陷坑的一种岩溶地质作用和现象,简称岩溶塌陷。

3.5.3
塌陷坑 sinkhole
地面塌陷形成的凹陷、坑洞。

3.5.4
塌陷规模 scale of ground collapse
描述塌陷程度大小的指标,常采用的指标如塌陷坑大小与深度、塌陷坑数量或密度、塌陷影响范围等。

3.5.5
陷坑单体发育特征 development characteristics of a single sinkhole
地面塌陷中单个陷坑形状、坑口规模、深度、长轴方向、充水情况、发生时间、发展变化等特征。

3.5.6
陷坑群体发育特征 development characteristics of sinkhole group
地面塌陷中陷坑群体的分布面积、最大陷坑面积、坑数、排列形式、长列方向、坑的规模、始发时间、盛发时间、停止时间、发展情况等特征。

3.5.7
古岩溶塌陷 ancient karst collapse
全新世以前的岩溶塌陷。

3.5.8
老岩溶塌陷 old karst collapse
全新世以来发生,现今已停止发展,被埋藏的岩溶塌陷。

3.5.9
新岩溶塌陷 recent karst collapse
现今仍在发展的岩溶塌陷。

3.5.10
排水塌陷 ground collapse due to drainage
在矿产开发、隧道开挖、修建地下铁路及其他地下工程活动中,强排疏干地下水或突水、突泥而引起的塌陷灾害。

3.5.11
抽水塌陷 ground collapse caused by water pumping
抽汲地下水引起的塌陷灾害。

3.5.12

蓄水塌陷 ground collapse caused by water impoundment

因水库蓄水发生的塌陷灾害。

3.5.13

岩溶气爆 karst gas explosion

溶洞中地下水位迅速恢复时，由于水流急速进入岩洞，空气来不及排出而产生高压，使岩层或土层产生破坏的现象。

3.5.14

真空吸蚀 vacuum suction

积累在密封的岩溶、裂隙内的承压水被排出后，出现负压，产生吸力使土层发生破坏的现象。

3.5.15

采空区 mined-out area

地下固体矿床被开采后所形成的空间。

3.5.16

矿山压力 rock pressure, underground pressure

地下采掘活动在井巷、硐室及采矿工作面周围矿（岩）体和人工支护物上引起的力，简称矿压。又称地压、岩压等。

3.5.17

采空区塌陷 ground collapse due to mining

由于地下挖掘形成空间，导致上部岩土层在自重作用下失稳而引起地面塌陷的现象。

3.5.18

开采沉陷 subsidence due to mining

地下矿床开采引起上覆岩层移动和地表沉陷的现象。

3.5.19

矿山沉陷区 subsidence area due to mining

指矿山开采导致采空区之上覆岩层的原始应力平衡状态受到破坏，发生冒落、断裂、弯曲等移动变形，最终涉及地表，形成下沉盆地和裂隙等沉陷地形。

3.5.20

岩层移动 strata movement

因采矿引起的采场围岩直至地表的移动、变形和破坏的现象和过程。

3.5.21

地表移动 surface movement

因采矿引起的岩层移动波及地表而使地表产生移动、变形和破坏的现象和过程。

3.5.22

地表移动盆地 subsidence basin

由采矿引起的采空区上方地表移动的整体形态和范围。又称地表下沉盆地。

3.5.23

充分采动 critical mining, full subsidence

地表最大下沉值不随采区尺寸增大而增加的临界开采状态。

3.5.24
非充分采动 subcritical mining
地表最大下沉值随采区尺寸增大而增加的开采状态。

3.5.25
移动盆地主断面 major cross-section of subsidence basin
通过移动盆地内最大下沉点沿煤层倾向或走向的断面。

3.5.26
移动角 angle of critical deformation
在充分或接近充分采动条件下,移动盆地主断面上,地表最外侧的临界变形点和采空区边界点连线与水平线在煤壁一侧的夹角。

3.5.27
边界角 boundary angle, limit angle
在充分或接近充分采动条件下,移动盆地主断面上的边界点与采空区边界之间的连线和水平线在煤柱一侧的夹角。

3.5.28
裂缝角 angle of outmost crack, angle of outmost fissure
在充分或接近充分采动条件下,移动盆地主断面上,地表最外侧的裂缝和采空区边界点连线与水平线在煤壁一侧的夹角。

3.5.29
塌陷区 subsidence zone
因地下采空或存在岩溶空洞引起的地面垮塌区域。

3.5.30
采动系数 coefficient of mining influence
衡量开采区域在倾向和走向上是否达到充分采动的系数。

3.5.31
地表下沉值 surface subsidence value
地表点移动向量的竖直分量。

3.5.32
地表水平移动值 surface horizontal displacement value
地表点移动向量的水平分量。

3.5.33
地表倾斜变形 ground surface incline deformation
在地表移动中,由于地表相邻点的下沉量不等而引起两点之间地表产生倾斜的地表移动现象。

3.5.34
地表临界变形值 critical value of surface deformation
受保护的建(构)筑物能正常使用所允许的最大变形值。

3.5.35
下沉系数 subsidence coefficient
水平或近水平煤层在充分采动条件下,地表最大下沉值与采厚之比。

3.5.36
水平移动系数　horizontal displacement factor
水平或近水平煤层在充分采动条件下,地表最大水平移动值与地表最大下沉值之比。

3.5.37
充分下沉值　subsidence value of full extraction, maximum subsidence value of full extraction
充分采动条件下,地表的最大下沉值。

3.5.38
限厚开采　extraction in limited coal thickness
为减缓采动对覆岩和地表移动变形的影响,限制每次采高或总采厚的开采方式。

3.5.39
充填开采　extraction with back stowing
在采空区内充填水砂、矸石、粉煤灰等充填物的一种开采方式。

3.5.40
安全开采深度　critical depth of safe mining
地下采矿使地表受护物产生移动和破坏所允许的最小开采深度。

3.6 地裂缝

3.6.1
地裂缝　ground fissure
由于自然或人为因素作用,地表岩土体开裂,在地面形成的具有一定规模和分布规律的裂缝,如:断层活动(蠕滑或地震)或过量抽取地下水造成的区域性地面开裂。

3.6.2
隐伏地裂缝　buried ground fissure, hidden ground fissure
在地表没有明显出露、隐藏于近地表土体中的地裂缝。

3.6.3
构造地裂缝　tectonic ground fissure
由构造运动(多为断层活动)造成的地表开裂。

3.6.4
非构造地裂缝　nontectonic ground fissure
由人类活动造成的区域性地表开裂。如:过量开采地下水后,地下水位急剧下降和不均匀地面沉降而形成区域性地表开裂。

3.6.5
地震地裂缝　seismic ground fissure
由地震作用形成的伴生地裂缝,是构造地裂缝的一种。

3.6.6
地裂缝地表形变效应　ground surface deformation effect of ground fissure
地裂缝两盘的相对运动在地表形成垂直位错、水平拉张及差异变形区而引发的各种灾害现象。

3.6.7
地裂缝地震动效应　seismic ground motion effect of ground fissure
地裂缝对场地地表或近地表地震(动)响应的影响及其产生的灾害。

3.6.8

地裂缝影响带　influence zone of ground fissure

地裂缝附近受地裂缝地表形变效应和地震动效应影响的条带状区域。

3.6.9

地裂缝破碎带　fracture zone of ground fissure

由主地裂缝及其两侧次级和微小裂缝构成的区域。

3.6.10

地裂缝平面形态　shape of ground fissure in plane

在水平面上(一般指地表),地裂缝形迹所呈现出来的几何形态,包括单缝平面形态(直线形、折线形、锯齿式、弧形、雁列式等)和平面组合形态(多级雁列式、侧列或侧现、似网络状、组合式等)。

3.6.11

地裂缝剖面形态　shape of ground fissure on profile

在垂直剖面上,地裂缝形迹所呈现出来的几何形态,包括单缝剖面形态(楔形、直线形、锯齿形、错列式等)和剖面组合形态(雁列式、阶梯状、Y字形、组合式等)。

3.6.12

地裂缝产状　occurrence of ground fissure

指地裂缝破裂面在空间的延伸方向和倾斜状态,包括走向、倾向和倾角三要素。

3.6.13

地裂缝活动性　activity of ground fissure

地裂缝的活动所表现出来的特征,如分段性、周期性、脉动性和超常活动等。

3.6.14

地裂缝活动速率　activity rate of ground fissure

单位时间内的地裂缝活动量,表征一段时间内地裂缝的平均活动快慢。一般以 mm/a 或 cm/a 为单位。

3.7　地面沉降

3.7.1

地面沉降　land subsidence, ground subsidence

因自然因素或人为活动引发松散地层压缩所导致的地面高程降低的地质现象。

3.7.2

差异性地面沉降　differential land subsidence

又称不均匀地面沉降,一般是指同一沉降区域不同地点具有不同沉降量的现象。

3.7.3

地面沉降量　amount of land subsidence

某一时间段内某地地面沉降的总和,主要包括总沉降量、累积沉降量、年沉降量和最大沉降量等。

3.7.4

地面沉降速率　rate of land subsidence

单位时间的地面沉降量。地面沉降速率是反映地面沉降活动程度的主要指标,也是地面沉降防控的主要指标,一般以 mm/a 为单位。

3.7.5
区域地面沉降速率 rate of regional land subsidence
沉降区域内单位时间的平均沉降量。用单位时间内一个沉降区域地面沉降总体积与区域面积的比值表示。

3.7.6
地面沉降中心速率 rate of land subsidence center
地面沉降中心单位时间的沉降量。用沉降区域内单位时间内最大沉降值表示。

3.7.7
地面沉降漏斗 conical zone of land subsidence
中心沉降大，周围沉降小的漏斗状地面下沉区。一般与地下水降落漏斗在空间位置上具有较好的对应关系。

3.7.8
地面沉降中心 central zone of land subsidence
某一沉降区域内总沉降量最大的部位。

3.7.9
固结沉降 consolidation settlement
由于土体孔隙水压力减小或消散，有效应力增加，土骨架产生压缩变形所造成的沉降。

3.7.10
次固结沉降 secondary consolidation settlement
主固结（孔隙水压力消散过程）结束后，在土体有效应力不变的情况下，土骨架仍随时间继续发生压缩变形所造成的沉降。

3.7.11
地下水人工回灌 artificial recharge of groundwater
将地表水注入地下储水层，以增加地下水的补给量、恢复地下水位，从而减缓或控制地面沉降的一种工程措施。

3.7.12
地面沉降压缩层 compressive layer of land subsidence
地面沉降区土骨架压缩变形而产生固结和次固结沉降的土层。

3.8 其他

3.8.1
塌岸 bank collapse
由于水位抬升、消落及波浪作用，破坏了库岸或河岸原有的平衡状态，导致库岸或河岸发生坍塌的现象。

3.8.2
库岸再造 reservoir bank reformation
由于水库库水作用所造成的库岸变形和破坏现象。

3.8.3
侵蚀型塌岸 bank collapse due to erosion
库岸或河岸在水位波动和波浪作用下，产生侵蚀和剥蚀型式的塌岸现象。

3.8.4
崩塌型塌岸　falling type bank collapse

库岸或河岸在水位波动和波浪作用下,产生崩塌型式的塌岸现象。

3.8.5
滑移型塌岸　sliding-type bank collapse

库岸或河岸在水位波动和波浪作用下,产生滑坡型式的塌岸现象。

3.8.6
渗透变形　seepage deformation

在渗透水流作用下,岩土体中颗粒发生移动,使岩土体发生变形或破坏的作用与现象。

3.8.7
管涌　piping

在渗流作用下,土体中的细颗粒沿粗颗粒骨架中的孔隙通道发生移动流失的现象,又称潜蚀。它通常发生在砂砾石地层中。根据渗透方向与重力方向的关系可分为垂直管涌和水平管涌。

3.8.8
流土　soil flow, quick sand

在上升的渗流作用下局部土体隆起、顶穿,或者粗细颗粒群同时浮动而流失的现象。

3.8.9
接触冲刷　contact scour

地下水沿着两种不同介质的接触面渗流并带走细颗粒的现象称为接触冲刷。

3.8.10
接触流土　contact soil flow

地下水垂直于两种不同介质的接触面渗流,并把一土层的颗粒带入另一土层的现象称为接触流土。

3.8.11
海岸淤进　coast silting-up

滨海地带因泥砂淤积导致海岸逐渐向海洋方向推进,影响养殖业、渔业,危害港口、码头正常使用的现象。

3.8.12
海岸侵蚀　coastal erosion

由于海浪的拍打、冲击和淘蚀作用或人为采砂矿、挖塘等,使海岸遭受破坏发生后退,导致沿海土地、房屋、道路等工程设施遭受破坏的现象。

3.8.13
海啸　tsunami

由海底火山、海底地震以及巨大海底滑坡、塌陷所激发的波长可达数百千米的巨浪。当海啸袭击海岸带,往往造成巨大人员伤亡和财产损失。

3.8.14
火山喷发　volcano eruption

火山物质(熔岩、火山碎屑和火山气体)喷出到地表面的现象。

3.8.15
地震灾害　seismic hazard/disaster

由地震引起的强烈地面振动及伴生的地面裂缝和变形,使各类建(构)筑物倒塌和损坏,设备和设施损坏,交通、通讯中断和其他生命线工程设施等被破坏,造成人畜伤亡和财产损失的灾害。

3.8.16

水土流失 soil and water loss, water loss and soil erosion

土壤及其母质受水力、风力、重力等作用以及人为因素的影响,结构发生破碎和松散,被水流大量搬动散失的现象。

3.8.17

黄土湿陷 loess collapse

在自重或外部荷重下,黄土受水浸湿后结构迅速破坏出现下沉的现象。

3.8.18

岩爆 rock burst

岩体中聚积的弹性变形势能在一定条件下突然猛烈释放,岩石爆裂并往外弹射的动力现象。又称冲击地压。

3.8.19

突水 water inrush

在硐室、巷道、隧道等地下工程施工过程中,突然大量集中涌水的现象。

3.8.20

煤与瓦斯突出 coal and gas outburst

在地应力和瓦斯的共同作用下,煤和瓦斯(二氧化碳)从煤(岩)体内突然地、快速地向采掘空间抛出或喷出的异常动力现象。

3.8.21

矿震 mining-induced earthquake, mine quake

冲击地压、突出、大面积顶板垮落等岩体失稳引起的矿区范围的震动破坏现象。

3.8.22

冻融灾害 freeze-thaw hazard/disaster

因温度变化,冻土发生反复冻结与融化而对工程和环境造成的危害和损失。

4 调查与勘查

4.1 地质灾害调查

4.1.1

工程地质测绘 engineering geological mapping

对勘查场地及附近的工程地质条件进行现场观察、量测和描述,并将有关工程地质要素以图示、符号表示在地形图上的勘查工作方法。

4.1.2

地质踏勘 geological reconnaissance

为使某项地质工作的设计和部署切合于实际,事先对工作现场的地质情况和施工条件等进行实地概略调查和了解的工作。

4.1.3

地质灾害调查 geohazard survey

为确定地质灾害类型、空间分布、危害性,以及了解某一具体地质灾害体的周围环境特征等,所开展的综合性调查研究工作。

4.1.4

灾情调查 survey of losses caused by geological disaster

对灾害产生的人员伤亡和经济损失等的调查工作。

4.1.5

地质灾害遥感调查 geohazard remote sensing survey

以遥感数据和地面控制数据为信息源,获取地质灾害及其发育环境要素信息,确定滑坡、崩塌、泥石流等地质灾害的类型、规模及空间分布特征,分析地质灾害形成和发育的地质环境背景条件,编制地质灾害类型、规模、分布遥感解译图件等各项工作的总称。

4.1.6

地质灾害测绘 geohazard mapping

以大比例尺地质灾害填图(比例尺多在1∶200～1∶2 000之间)为主要途径,对地质灾害体地表形态、结构特征、控制因素、危害性等开展的综合观察研究工作。

4.1.7

地质灾害调查比例尺 scale of geohazard mapping

反映地质灾害调查工作详细程度的尺度,通常以地质灾害调查时采用的地形图比例尺大小来体现对工作地区地质灾害调查研究详细程度的要求。比例尺愈大,工作愈深入,愈详细。

4.1.8

地质灾害调查精度 accuracy of geohazard survey

指对地质灾害调查工作的质量要求,即对工作地区的地质灾害调查研究所达到的详细和准确程度。地质灾害调查的性质、比例尺以及工作地区的自然地理和地质条件不同,其精度要求也不同。

4.1.9

填图单位 unit of geological mapping

在地质填图时,根据任务要求和比例尺大小,结合工作地区的具体情况和实际可能,按野外标志,将地层、岩体等划分成详略各不相同的岩性组合或岩性段等,以便作为野外地质图上反映地质特征的基本组成部分。又称填图单元。

4.1.10

实际材料图 map of original data, map of primitive data, field map

以一定的符号在地形图上表示地质界线、地质观测点、地质观测路线、重点工作区及其工作内容、各种样品的取样点及其编号、钻孔和山地工程位置等信息的图件。

4.1.11

地质灾害遥感解译图 map of remote sensing interpretation

展示遥感图像解译的地质灾害类型、分布、规模等发育特征及其地质环境背景条件的专业图件。

4.1.12

综合地层柱状图 general stratigraphic column, synthetical stratum histogram

综合反映测区内地层年代、层序、接触关系、厚度、岩性特征的柱状剖面图。

4.1.13

工程地质图 engineering geological map

反映工程地质条件在一定区域或建筑区内的空间分布及其相互关系的图件。一般可分为工程地质条件图、工程地质分区图和综合工程地质图三类。

4.1.14
工程地质剖面图　engineering geological profile/cross section

表示某一方向切面上的地质现象及其工程相互关系的图件。

4.2　地质灾害勘查

4.2.1
地质灾害勘查　investigation of geohazard

用专业技术方法调查分析地质灾害状况和形成发展条件的各项工作的总称。

4.2.2
勘查阶段　geohazard investigation stage

根据地质灾害防治工程的不同设计阶段要求对地质灾害防治勘查所划分的阶段。一般可分为：规划勘查阶段、可行性研究勘查阶段、初步设计勘查阶段和施工设计勘查阶段四个阶段。有时这几个阶段并不独立分开，而是合并综合进行。

4.2.3
地质灾害勘探　geohazard exploration

在进行灾害体的工程地质测绘的基础上，利用各种设备、工具直接深入地下岩土层，查明灾害体性质、结构构造、空间分布、地下水条件等内容的勘查工作。

4.2.4
遥感探测　remote sensing

运用传感器/遥感器对物体的电磁波的辐射、反射特性的非接触、远距离探测，获取地质灾害分布、规模、周界、动态变化等信息的勘查方法。

4.2.5
钻探工程　drilling engineering

用一定的设备、工具（即钻机）来破碎地壳岩石或土层，在地壳中形成一个直径较小、深度较大的钻孔（直径相对较大者又称为钻井），以了解地层深部地质情况的过程。

4.2.6
山地工程　excavation engineering

用人工或机械的方法在地下开凿挖掘一定的空间，以便直接观察岩土层的天然状态、接触关系，为采取原状岩土试样或进行现场原位测试提供场所的勘探工程。也称坑探工程。

4.2.7
浅井　shallow shaft

从地表铅垂向下挖掘的、深度远大于断面、深度一般在 15 m 以内的地质勘探坑道。

4.2.8
竖井　shaft

从地表铅垂向下挖掘的、深度远大于断面、深度一般在 15 m 以上的地质勘探坑道。

4.2.9
平硐　adit

水平方向掘进的、进口位于地面的地质勘探坑道。

4.2.10
试坑　trial pit

从地表向下挖掘的、深度一般小于 5 m 的圆形或方形的勘探试验坑。

4.2.11
    探槽 trench
    在地表开挖的深度一般小于 5 m 的长条形沟槽。
4.2.12
    地球物理勘探 geophysical exploration
    用专门的仪器探测地壳表层各种地质体的物理场,包括电场、磁场、重力场等的分布情况,通过测得的物理场特性和差异,来判明地下各种地质现象,获得某些物理性质参数的一种勘探方法。
4.2.13
    电法勘探 electrical exploration
    根据地下介质电磁学性质(如导电性、导磁性、介电性)和电化学特性的差异,通过对人工或天然电场、电磁场或电化学场的空间分布规律和时间特性的观测和研究,查明地质体结构等工程地质特性的地球物理勘探方法。
4.2.14
    地震勘探 seismic exploration
    利用地下介质弹性和密度的差异,通过观测和分析大地对人工激发地震波的响应,推断地下岩土层性质和形态的地球物理勘探方法。
4.2.15
    井下电视 borehole televiewer
    由井下视频采集系统与地面视频显示系统构成的测井技术。
4.2.16
    勘探点 exploration point
    为查明勘查对象工程地质条件所布置的一个勘探作业点,可以是探槽、探井、钻孔或平硐等。
4.2.17
    勘探线 exploration line
    若干勘探点的连线,通常呈网格状垂直或平行灾害体位移方向或地质条件变化最大的方向布置。
4.2.18
    勘探网 exploration grid
    相交的两组不同方向勘探线构成的网状勘探布局。
4.2.19
    勘探剖面 exploration profile
    勘探线上由勘探工程所构成的地面下一定深度的切面。
4.2.20
    原状样 undisturbed rock/soil sample
    保持天然结构和天然含水率的岩土样品。
4.2.21
    扰动样 disturbed rock/soil sample
    天然结构或含水率遭受改变,或二者兼而有之的岩土样品。
4.2.22
    岩芯采取率 rate of core recovery, collecting rate of drill core
    是指钻探作业在一个回次中所获取的岩芯总长度与本回次进尺的百分比。总长度包括比较完整的岩芯和破碎的碎块、碎屑和碎粉物质。

4.2.23

钻孔柱状图 borehole columnar section, bore histogram

按一定比例尺和图例编制的表示钻孔的地层岩性、厚度、水文地质试验、岩土试验、各种测井成果及孔内钻进等情况的综合性图件。

4.2.24

坑硐展示图 drawing of excavation engineering

是沿坑探工程的壁、底面所编制的地质断面图,它按一定的制图方法将三维空间的图形展开在平面上。

4.2.25

工程地质试验 engineering geological test

为评价工程地质条件和问题以及为工程设计、施工提供参数而开展的各项试验研究工作的总称,包括室内和现场试验。

4.2.26

岩土试验 rock and soil test

对岩石和土进行的各种试验的总称。分为岩、土试样的室内试验和在现场岩、土体上直接进行的原位试验。

4.2.27

原位试验 in-situ test

在岩土层所处的位置,基本保持岩土原来的结构、湿度以及应力状态,测定岩土物理力学指标工作的总称。

4.2.28

含水率试验 moisture content test

测定岩土试样和岩土体水分含量的试验。

4.2.29

岩石膨胀性试验 rock swelling test

测定岩石吸水易膨胀的特性所进行的试验。试验内容包括岩石自由膨胀率,侧向约束膨胀率和膨胀压力等。

4.2.30

岩石崩解性试验 rock disintegration test

测试岩石遇水崩解剥落的特性所进行的试验。

4.2.31

岩石冻融试验 rock freeze-thaw test

测试岩石抗冻性能所进行的试验。所测定的试验指标为冻融系数,它是岩石试件经过多次冻融循环后浸水饱和后的抗压强度与冻融前浸水饱和的抗压强度之比。

4.2.32

岩石单轴压缩试验 uniaxial compression test of rock

在单轴试验机上测试岩石在无侧向限制条件下的变形特性和强度指标的试验。

4.2.33

岩石三轴压缩试验 triaxial compression test of rock

在不同侧压条件下测定岩石试件三向压缩强度的试验,据此可计算岩石在三轴压缩条件下的强度参数。

4.2.34

岩石抗拉强度试验 tensile strength test of rock

通过拉力试验机拉伸岩石试件直接获取岩石抗拉强度或通过压力试验机劈裂法间接获取岩石抗拉强度参数的试验方法。

4.2.35

直接剪切试验 direct shear test

将同一类型的一组试件（体），在不同的法向载荷下进行剪切试验，确定抗剪强度参数的方法，简称直剪试验。主要包括室内与原位的岩块（体）直剪试验、土直剪试验和结构面直剪试验等。

4.2.36

反复直接剪切试验 repeated direct shear test

在排水条件下，用应变直接剪切仪对土样反复剪切直到获得稳定的抗剪强度的试验方法。用来测定土的残余抗剪强度。

4.2.37

大型直剪试验 large scale direct shear test

较大规格尺寸的直接剪切试验，可在现场或实验室进行。

4.2.38

大重度试验 large scale unit weight test

通过现场挖坑取土称重及注水测量试坑体积，以获得原状土容重的方法。

4.2.39

点荷载试验 point load test

是一种在点荷载下测试岩石、混凝土或其他天然建筑材料的抗拉强度的简便方法。试验时将试样夹在两个球状加荷锥头之间，施以荷载直至压裂试样。根据达到破坏时的最大荷载和两锥头端点间距，可求出试样的抗拉强度。

4.2.40

地应力测试 ground stress test

测定天然状态下地壳中岩体内部各点应力状态的技术方法。目前地应力测试有应力解除法、应力恢复法和水压致裂法三种方法。

4.2.41

声波测试 acoustic wave test of rock

测定声波的纵、横波在试件中传播的时间或共振频率，据此计算声波在岩石中的传播速度及岩石的动弹性参数。

4.2.42

十字板剪切试验 vane shear test

将十字形翼板插入软土，按一定速率旋转，测出土破坏时的抵抗扭矩，求出软土抗剪强度的一种原位试验方法。

4.2.43

静力触探试验 cone penetration test, CPT

以静压力将一定规格的锥形探头匀速地压入土层，按其所受抗阻力大小评价土层力学性质，以间接估计土层各深度处的承载力、变形模量和进行土层划分的一种原位试验方法。

4.2.44

孔压静力触探试验　piezo-cone penetration test, CPTU

一种除有静力触探试验功能外同时还能量测测点处孔隙水压力值的静力触探试验。

4.2.45

动力触探试验　dynamic penetration test

用一定质量的击锤,以一定的自由落距将一定规格的探头击入土层,根据探头沉入土层一定深度所需锤击数来判断土层的性质和确定其承载力的一种原位试验方法。又称冲击触探。

4.2.46

标准贯入试验　standard penetration test, SPT

以质量为63.5 kg的穿心锤,沿钻杆自由下落76 cm(触探杆一般用直径为42 mm的钻杆),将标准规格的贯入器自钻孔底高程击入30 cm,记下相应的击数(标准贯入击数),据此确定地基土层的承载力,评价砂土密实状态和液化可能性的一种原位试验方法。

4.2.47

三轴剪切实验　triaxial shear test

在保持围压恒定条件下,逐渐加大轴向压力,直至试样破坏的一种剪切试验。

4.2.48

不固结不排水三轴试验　unconsolidated-undrained triaxial test, UU Test

在施加围压下和在施加轴向附加压力过程中土样的含水率均保持不变的剪切试验,简称不排水剪。

4.2.49

固结不排水三轴试验　consolidated-undrained triaxial test, CU Test

使土样在围压下完成固结后,在施加轴向附加压力过程中,不容许土样排水的剪切试验。又称固结快剪试验。

4.2.50

固结排水三轴试验　consolidated-drained triaxial test, CD Test

在围压下完成固结后,在施加轴向附加压力过程中,容许土样排水的剪切试验。又称慢剪试验。

4.2.51

固结试验　consolidation test

测定饱和黏性土试样在有侧限条件下加荷排水时,稳定孔隙比与压力关系(压缩曲线)、孔隙比和时间关系(固结曲线)的试验。

4.2.52

环剪试验　ring shear test

利用环剪仪进行的土样剪切试验。土被装在环形的样盒内,通过对顶板施加垂向应力并旋转顶板,获得土的抗剪强度。由于土的剪切面积始终不变,该方法特别适用于测定土经历大变形后的残余强度或终极强度。

4.2.53

快剪试验　undrained direct shear test

试样在施加法向压力及剪切过程中,均不允许孔隙水排出的直接剪切试验方法。又称不排水剪切试验。

4.2.54
固结直接快剪 consolidated undrained direct shear test

先使试样在法向力作用下排水固结达到稳定,然后在不排水条件下进行的剪切试验方法。又称固结不排水剪切试验。

4.2.55
慢剪试验 consolidated-drained direct shear test

土样在剪切过程中充分排除孔隙水影响的剪切试验方法。又称排水剪切试验。

4.2.56
击实试验 compaction test

使用锤击实土样以了解土的压实特性的一种试验方法。

4.2.57
岩体质量指标 rock quality designation, RQD

表示岩体完整性的一种指标。用直径75 mm的金刚石钻头和双层岩芯管在岩体中钻进,回次钻进所取岩芯中,长度大于10 cm的岩芯段长度之和与该回次进尺的比值,以百分比表示。

5 评价与评估

5.1 稳定性评价

5.1.1
稳定性评价 stability evaluation

以工程地质条件调查为基础,综合分析演化机制及影响因素,采用定性和定量的分析方法,对地质体稳定程度的现状与发展趋势进行评估与预测的工作。

5.1.2
稳定性系数 factor of stability

表征岩土体稳定程度的指标。例如斜坡稳定性系数是滑动面上抗滑力与滑动力的比值,数值的高低反映斜坡稳定程度的差异。

5.1.3
安全系数 factor of safety

设计评价允许的稳定性系数值,是综合考虑边界条件、荷载条件、岩土体强度、工程重要性等人为确定的岩土体稳定性经验系数。

5.1.4
稳定性分析方法 stability analysis method

稳定性评价中采用的定性和定量分析方法,主要包括自然历史分析法、工程地质类比法、赤平投影图解分析法、刚体极限平衡法、数值模拟分析法及概率分析法等。

5.1.5
自然历史分析法 analytical method based on developing trends of geological conditions

通过地质演化规律评价地质灾害演化趋势的一种定性分析方法。

5.1.6
工程地质类比法 analogical analysis of engineering geology

将所要研究的地质灾害体与已经研究过的条件大致相同的同类地质灾害体进行类比,进而评价其稳定性及其可能的破坏方式的研究方法。

5.1.7

赤平投影图解分析法 stereographic projection analysis

将三维空间的结构要素反映在投影平面上分析结构面与坡面空间关系，并据此评价地质体稳定性的分析方法。

5.1.8

刚体极限平衡法 rigid limit equilibrium analysis

将岩土体假设为刚体，基于临界稳定状态时的静力平衡原理，计算其抗滑稳定性的分析方法。

5.1.9

拟静力分析法 pseudo-static analysis

将地震动最大加速度引起的惯性力视为静力的地质灾害稳定性分析评价方法，简称静力分析法。

5.1.10

动力分析法 dynamic analysis

考虑地震动加速度、地震动持续时间和震动周期的地质灾害稳定性分析评价方法。

5.1.11

概率分析法 probability analysis

考虑岩土物理力学参数的离散性、差异性和随机性，进行地质体稳定性评价的方法。

5.1.12

物理模型试验 physical model test

基于相似性原理，建立相关物理模型，再现地质灾害形成与运动过程、预测其发展趋势的研究方法。

5.1.13

数值模拟 numerical simulation

依靠电子计算机，采用有限元、离散元、边界元等方法，再现地质灾害形成与运动过程、预测其发展趋势的研究方法。又称计算机模拟。

5.1.14

反演分析 back analysis

根据极限平衡原理，利用处于明显变形状态或已经滑动破坏的斜坡，假定斜坡稳定性系数，通过计算斜坡滑动面上滑动力与抗滑力的平衡关系，以获取滑动面抗剪强度指标的方法。又称反算法。

5.2 灾情评估

5.2.1

地质灾害灾情 geodisaster situation

一个地区一次地质灾害事件或一定时间内多种地质灾害活动与破坏损失的总体情况，包括地质灾害活动程度和地质灾害破坏造成的人员伤亡与社会经济损失程度两个方面的情况。

5.2.2

地质灾害灾情评估 geodisaster assessment

对地质灾害活动程度及破坏损失情况进行评定估算的工作。

5.2.3

灾度　disaster degree

评估灾害造成的社会与经济损失的度量标准。表现为人员的死伤数量和社会经济损失的折算金额。

5.2.4

灾度等级　grade of disaster degree

反映地质灾害破坏损失程度或地质灾害危害程度的等级划分。

5.2.5

灾前评估　hazard assessment, assessment before a disaster

对一个地区或一个潜在的地质灾害事件的危险程度和可能造成的破坏损失程度的预测性评价。

5.2.6

灾中跟踪评估　assessment during a disaster

对规模巨大、破坏严重、成灾活动有一定时间过程的地质灾害所进行的适时连续评估。

5.2.7

灾后总结评估　conclusive assessment after a disaster

在灾害过程结束以后,对灾害情况进行的全面评估。根据评估范围和对象可以分为点评估、面评估和区域评估。

5.3　危险性评估

5.3.1

地质灾害危险性　danger of geohazard, risk of geohazard

某一区域特定时间内发生地质灾害的可能性和造成损失的可能性。

5.3.2

地质灾害危险性评估　risk assessment of geohazard

通过对建设工程诱发或者加剧地质灾害的可能性和建设工程遭受地质灾害的可能性作出评价,提出防治措施,编制评估报告的技术活动。

5.3.3

危险性分析　hazard analysis

通过对历史地质灾害活动程度以及对地质灾害各种活动条件的综合分析,评价地质灾害活动的危险程度,确定地质灾害活动的密度、强度(规模)、发生概率(发展速率)以及可能危害区段、范围等。

5.3.4

地质环境条件复杂等级　complexity class of geological environmental conditions

通过对研究区区域地质背景、地形地貌、地层岩性和岩土工程地质性质、地质构造、水文地质条件、地质灾害及不良地质现象、人类工程活动等分析,对其地质环境条件复杂程度进行的等级划分。

5.3.5

地质灾害危险性分级　level of geohazard

依据地质灾害发育程度和危害程度对地质灾害危险性进行的等级划分。

5.3.6

地质灾害发育程度　development degree of geohazard

致灾体变形和发展的状态及空间分布特征。

5.3.7
地质灾害危害程度 harm degree of geohazard
地质灾害造成或可能造成人员伤亡、经济损失与生态环境破坏的程度。

5.3.8
地质灾害危险性评估等级 geohazard assessment level
按地质环境条件的复杂程度与建设项目的重要性，对地质灾害危险性评估工作进行的等级划分。

5.3.9
地质灾害活动频率 activity frequency of geohazard
在一定时间内地质灾害发生的次数。

5.3.10
地质灾害活动速率 activity velocity of geohazard
在一定时间内地质灾害发展变化的平均速度。

5.3.11
地质灾害危险性分区 zoning of geohazard, zonation of geohazard
根据地质条件复杂程度及地质灾害危险性等级的差异性，把研究区划分成若干个地质灾害活动条件和危险程度不同的单元的评价方法。

5.3.12
地质灾害危险区 caution area of geohazard, area most likely effected by geohazard
明显可能发生地质灾害且将可能造成人员伤亡和经济损失的区域或者地段。

5.3.13
地质灾害分区评估 zoning assessment of geohazard, divisional assessment of geohazard
根据致灾地质体的差异性，分区块对进行地质灾害危险性分析和评价。

5.3.14
地质灾害危险性现状评估 present situation assessment of geohazard
对地质灾害现状及其危害范围与程度做出分析评价的工作。

5.3.15
地质灾害危险性预测评估 prediction assessment of geohazard
工程建设可能引发或加剧地质灾害，工程建设本身也可能遭受地质灾害的危害，对这些地质灾害发生的可能性和危害程度进行预测分析与评判的工作。

5.3.16
地质灾害危险性综合评估 comprehensive assessment of geohazard
依据地质灾害危险性现状评估和预测评估结果，充分考虑评估区的地质环境条件的差异和潜在的地质灾害隐患点的分布、危险程度，进行地质灾害危险性等级分区，对建设用地适宜性作出评估，提出防治地质灾害的措施和建议等工作的总称。

5.3.17
用地适宜性评估 land use assessment
通过地质灾害综合分析，对建设用地是否适宜某种用途以及适宜的程度所进行的评价。

5.4 风险评估

5.4.1
地质灾害易发性 susceptibility of geohazard
指地质灾害发生的难易程度。

5.4.2
地质灾害易发性评价 geohazard susceptibility assessment
通过定性或定量的分析方法,评价发生地质灾害难易程度。

5.4.3
地质灾害易发区 susceptible area of geohazard
具备地质灾害发生的地质条件和气候条件,容易或者可能发生地质灾害的区域。

5.4.4
地质灾害易发程度分区图 zoning map of geohazard susceptibility
反映不同地区地质灾害易发程度的图件,内容主要包括地质灾害发育的种类、规模、稳定性,易发区划分等。

5.4.5
易损性 vulnerability
地质灾害影响区内承灾体可能遭受地质灾害破坏的程度,用0(没有损失)和1(全损失)之间的数字来表征。对于财产,是损坏的价值与财产总值的比率;对于人员,是在地质灾害影响范围内人的死亡概率。

5.4.6
易损性分析 vulnerability analysis
通过对风险区内各类受灾体数量、价值以及对不同种类、不同强度地质灾害的抵御能力进行综合分析,评价承灾区易损性,确定可能遭受地质灾害危害的人口、工程、财产以及国土资源的数量(或密度)及其破坏损失率。

5.4.7
地质灾害风险 geohazard risk
在一定时期内,各类承灾体所可能受到灾害袭击而造成的直接和间接经济损失、人员伤亡、环境破坏等。风险等于易发性、易损性、承灾体价值三者的乘积。

5.4.8
个体风险 individual risk
特定个人可能遭受灾害的风险,常用总风险值除以人口数表示。

5.4.9
社会风险 social risk
特定群体可能遭受灾害的风险,即某一区域所在社会群体承担的风险总值。

5.4.10
风险估算 risk estimation
采用风险计算公式,定性或定量计算灾害风险值的过程。

5.4.11
风险评估 risk assessment
根据灾害影响范围内的经济和社会条件,判断风险分析结果对影响区的重要程度或影响程度,以此决定是否接受或容忍风险。

5.4.12

期望损失 expected loss analysis

特定区域内预期可能遭受灾害的风险。常用未来一定时期内特定区域地质灾害可能造成的人口伤亡与经济损失的平均值替代。

5.4.13

地质灾害风险评价指标体系 index system for geohazard evaluation

由综合反映地质灾害风险构成及风险评价内容的多个地质灾害风险评价指标所构成的评价指标组合。

5.4.14

地质灾害风险评价模型 geohazard assessment model

为实现地质灾害风险评价而建立的风险评估和计算模型。

5.4.15

灾害发生概率 occurrence probability of geohazard

特定地区范围内某种潜在的灾害现象在一定的时间内发生的概率。

5.4.16

年超越概率 annual exceedance probability,AEP

超过一定强度的事件发生的年概率。

5.4.17

风险处置 risk treatment

是应对风险的选择,包括接受风险、回避风险、降低灾害发生概率或强度、减少灾害后果或转移风险等应对风险的措施。

5.4.18

风险控制 risk control

采取灾害防治、监测预警等各种措施控制地质灾害风险,把可能的损失控制在一定的范围内。

5.4.19

风险管理 risk management

将管理政策、过程和经验,系统地应用到风险鉴定、分析、评价、减缓和监测的管理过程。

5.4.20

地质灾害风险区划图 zoning/zonation map of geohazard risk

在地质灾害分布图基础上编制的反映不同地区地质灾害风险程度的图件。

5.4.21

地质灾害防治区划图 zoning/zonation map of geohazard prevention and control

反映地质灾害防治对策的分区图件,内容主要包括地质灾害类型、特征及危害,重点防治(包括应急治理)的地质灾害,防治措施、方法等。

6 防治工程设计与施工

6.1 一般术语

6.1.1
地质灾害防治　prevention and control of geohazards
采用工程或/和非工程措施，以减轻或消除灾害损失或威胁。

6.1.2
地质灾害治理工程　prevention and control works for geohazards
为防治地质灾害而修建的各种工程。

6.1.3
可行性方案论证　feasibility analysis of geohazard prevention
针对防治目标进行多种设计方案的技术、经济、社会和环境效益等论证及工程估算，并提交可行性方案的报告文件的活动过程。

6.1.4
初步设计　preliminary design
对可行性设计推荐方案进行工程参数确定、结构设计和工程概算，提交初步设计报告、设计附图册及计算书、概算书。

6.1.5
施工图设计　construction document design
对初步设计工程图进行细部设计，提出施工技术、施工组织和安全措施要求，提交施工设计报告、图册及施工图说明书、预算书等。

6.1.6
动态设计　information design
根据信息施工法和施工勘察反馈的资料，对地质结论、设计参数及设计方案进行验证，当原设计条件有较大变化时，及时补充、修改设计的思路和方法。

6.1.7
设计工况　design conditions
防治工程设计中设定的内在因素与环境条件及其相对应的荷载组合。

6.1.8
设计荷载　design load
荷载代表值与荷载分项系数的乘积。荷载代表值为设计中用以验算极限状态所采用的荷载量值，例如标准值、组合值、频遇值和准永久值。

6.1.9
方案比选　scheme comparison
从技术可行性、环境影响、施工技术难度、投资预算等角度对多个设计方案进行分析对比，选择最优方案。一般在可行性设计阶段进行。

6.1.10
施工图设计文件
construction design document, working drawing design document, construction drawing paper
施工图设计阶段所提交的文字报告和图件，包括设计说明（或报告）、施工图纸、设计计算书和施工图预算书等。

6.1.11

施工图设计说明 design specification of construction documents

对施工设计图纸的总说明及设计依据、设计思路的阐述,与设计图纸一起共同构成完整的设计文件。

6.1.12

施工图设计图件 composition of construction drawings

施工图设计阶段所形成的图件,主要包括工程总平面布置图、分项工程平面布置图、工程纵横剖面布置图、工程立面布置图、工程结构及细部大样图、施工平面布置图和监测平面布置图、监测工程结构图等。

6.1.13

施工组织设计 construction organization design

用来指导施工项目全过程各项活动的技术、经济和管理的综合性文件,包括施工组织方案、技术方法、工艺选择和施工措施等。

6.1.14

施工平面布置图 construction layout chart

施工平面布置图,是承建项目工程的施工单位编制,用于合理指导工程建设现场布置,是工程施工组织设计中的一项基本内容。

6.1.15

设计交底 construction design explanation

施工前由设计方向其他参建方进行技术说明的环节。

6.1.16

单项工程 individual project, single project

具有独立的设计文件,建成后可以独立发挥功效的工程项目。

6.1.17

单位工程 project unit

具有独立的设计文件,能够独立组织施工,但不能独立发挥功效的工程项目。

6.1.18

分部工程 subdivision project

在单位工程中,按结构部位、施工特点或施工任务划分的若干工程。

6.1.19

分项工程 sub-divisional project

主要根据工种、施工特点、建筑材料等的不同,将分部工程分解的基本单元。

6.1.20

隐蔽工程 underground engineering

指施工完毕后被遮盖或掩埋而无法或很难对它进行检查的分部分项工程。

6.1.21

信息法施工 information construction

根据施工现场的地质情况和监测数据,对地质结论、设计参数进行验证,对施工安全性进行判断并及时修正施工方案的施工方法。

6.1.22

　　逆作法施工　reverse construction technique

　　自上而下分阶开挖与支护的一种施工方法。

6.1.23

　　跳挖　interval excavation

　　为减少开挖断面变形破环,在施工时采用的非连续开挖技术。在抗滑桩桩孔开挖施工过程中,为确保施工安全,按一定的间隔,分批开挖与浇筑的施工方法。

6.1.24

　　竣工图　as-build drawings

　　工程竣工后,真实反映建设工程项目施工结果的图件。

6.1.25

　　设计变更　design change, design alteration

　　地质灾害防治工程实施过程中由于各种原因,对设计文件进行修改和调整。

6.2 排水工程

6.2.1

　　地表排水工程　surface drainage engineering

　　在防治对象地表面修建的由排水沟、截水沟等组合形成的排水系统。

6.2.2

　　截水沟　intercepting ditch

　　为拦截山坡上部流向防治对象的水流,在防治对象上部设置的截水设施。

6.2.3

　　排水沟　drainage ditch

　　位于防治对象上的地表排水系统,用于排泄由降水、泉水等转化的坡面水流或由截水沟所排出的水流。

6.2.4

　　边沟　side ditch

　　设置在防治工程场地边缘,包括坡肩及坡脚的人工沟渠,用以汇集和排除坡面和场地雨水。

6.2.5

　　支撑渗沟　supporting seeping groove

　　位于斜坡坡脚起排水与稳定作用的构筑物。

6.2.6

　　集流槽　runoff gathering pit

　　在陡坡或深沟地段设置的坡度较陡、水流不离开槽底的沟槽。

6.2.7

　　排水管　drain pipe

　　承担降雨、污水、农田排灌等排水的任务与提高地质灾害体稳定性的排水设施。一般可分为混凝土管(CP)和钢筋混凝土管(RCP)。

6.2.8

　　跌水　hydraulic drop

　　为解决高落差水流、减缓水流冲刷力,将沟底设置呈阶梯形结构的排水沟消能措施。

6.2.9
地下排水工程 subsurface drainage engineering, underground drainage engineering

在防治对象主体内修建的由排水孔、洞、井相互连接形成的地下排水设施。

6.2.10
渗沟 blind drain

采用渗透方式将地下水汇集于沟内，并通过沟底通道将水排到指定地点的排水设施。

6.2.11
暗沟 blind ditch

地面以下具有渗水和汇水功能的引导水流沟（管）。

6.2.12
排水盲沟 french drain, blind drainage ditch

修建在地下的排水暗沟或暗管，以收集和排除渗水的排水沟。

6.2.13
支撑盲沟 supporting french drain

是一种兼具支挡地质灾害岩土体的滑动和疏干地下水作用的工程设施。

6.2.14
排水孔 drainage hole

为疏干和排除地下水，在地质灾害体中设置的排水钻孔，钻孔一般向下倾斜 $10°\sim15°$。

6.2.15
垂直孔群 vertical hole group

是一种用钻孔群穿透滑动面，把滑坡体内储藏的地下水转移到下伏强透水层，从而将水排泄走的一种工程措施。

6.2.16
渗水隧洞 leak tunnel

是在地下水影响严重、地下水埋藏较深的灾害体中修筑的拦集或引排深层地下水的构筑物。

6.2.17
排水廊道 drainage gallery

汇集和排出灾害体内地下水的地下硐室等工程。

6.2.18
集水井 collecting well

用以汇集和存蓄灾害体中地下水的水井，通常井径较大。

6.2.19
反滤层 filter

为防止携带细粒的水流在渗流过程中将排水设施或构造物的孔隙堵塞而设置的滤层，由具有不同粒度的粒料层或具有渗滤功能的土工织物构成。

6.2.20
汇水面积 catchment area

雨水流向同一山谷地面的受雨面积。

6.2.21
径流系数 runoff coefficient

同一时间段内流域面积上的径流深度（mm）与降水量（mm）的比值，以小数或百分数表示。

6.2.22
设计径流量 design runoff

在所考虑的设计地点，预期由设计重现期和降雨历时的降雨所引起的径流量。此径流量为排水设施或构筑物在该点所需排放的水量。

6.2.23
设计降雨重现期 designed recurrence interval of rainfall

某一预期降雨强度重复出现的平均周期。

6.2.24
汇流历时 duration of confluence

径流从汇水区最远点（按水流时间计）流达设计地点所需的时间，由坡面汇流历时和沟管内汇流历时组成。

6.2.25
降雨历时 duration of rainfall

降雨过程中的任意连续时段所经历的时长。

6.2.26
重现期转换系数 converting factor of recurrence interval

设计重现期的降雨强度与某一标准重现期的降雨强度的比值。

6.2.27
降雨历时转换系数 converting factor of rainfall duration

设计降雨历时的降雨强度与某一标准重现期的降雨强度的比值。

6.2.28
设计降雨强度 design rainfall intensity

在所考虑的设计地点，预期单位时段内的降雨量，以 mm/min 或 mm/h 计。

6.2.29
设计汇流量 design confluence amount

在所考虑的设计地点，预期汇流水量在某一范围内集中的水量。

6.3 减载、堆压、充填与夯实工程

6.3.1
削方减载 load reduction through slope cutting

通过开挖的方式减少地质体的荷重。如斜坡削方减载是采用从斜坡顶部开挖的方法，减少边坡自身荷载，提高边坡稳定性的措施。

6.3.2
削坡 slope cutting

按工程技术要求进行边坡开挖或切削坡面的工作。

6.3.3
修坡 slope surface preparing

按工程技术要求修整开挖或填筑坡面的工作。

6.3.4
放坡 step-slope

按一定坡度要求开挖或填筑边坡的土石方施工作业。

6.3.5
坡率法 slope ratio method

通过调整、控制边坡坡率和采取构造措施保证边坡稳定的边坡治理方法。

6.3.6
土石方开挖 earth-rock excavation

用人力、爆破、机械或水力等方法使土石料松散、破碎和挖除的作业。

6.3.7
挖方 excavation, cut

从原地面挖除土石方的工程。

6.3.8
人工挖土方 manual excavation

指用人工施工的沟槽开挖、修整场地挖土方厚度在 30 cm 以上的挖土。

6.3.9
浅孔爆破 short-hole blasting

也称浅眼爆破、露天浅孔爆破。岩土开挖或二次破碎大块岩石时,采用炮孔直径小于 50 mm,深度小于 5 m 的爆破作业。

6.3.10
深孔爆破 deep-hole blasting

炮孔深度一般大于 5 m、装药引爆的爆破技术。

6.3.11
光面爆破 smooth blasting

沿开挖边界布置密集炮孔,采取不耦合装药或装填低威力炸药,在主爆区之后起爆,以形成平整的轮廓面的爆破作业。

6.3.12
水下爆破 blasting in water, underwater blasting

在水下或临水介质中进行的爆破作业。

6.3.13
预裂爆破 presplitting blasting

沿开挖边界布置密集炮孔,采取不耦合装药或装填低威力炸药,在主爆区之前起爆,从而在爆区与保留区之间形成预裂缝,以减弱主爆破对保留岩体的破坏并形成平整轮廓面的爆破作业。

6.3.14
爆破参数 blasting parameters

爆破介质与炸药特性、药包布置、炮孔的孔径和孔深、装药结构及起爆药量等影响爆破效果因素的统称。

6.3.15
保护层 protective layer

即基础面保护层。地基或边坡开挖中,为避免地基或边坡遭受破坏,在设计开挖界限以内预留一定安全厚度的待建筑物修建前再予挖除的岩层或土层。

6.3.16
开挖强度 excavation intensity

单位时间内开挖土石方的数量(体积)。

6.3.17
超挖 over-excavation
开挖面中超过设计开挖界限多挖的部分。

6.3.18
欠挖 under-excavation
开挖面中没有达到设计开挖界限少挖的部分。

6.3.19
扩挖 expanded excavation
分期开挖施工时,从前一期已达到的开挖面进一步扩大开挖到设计开挖界面的施工方法。

6.3.20
回填压脚 backfill on slope toe
通过工程措施在斜坡坡脚处提供足够的工程自重力,以增加斜坡抗滑能力,提高其稳定性的工程措施。

6.3.21
基础垫层 foundation pad
设置在基础与地基之间的用于隔水、排水、防冻以及改善基础和地基工作条件的低强度等级混凝土、三合土、灰土等铺贴层。

6.3.22
换填垫层 replacement layer of compacted fill
挖除基础底面下一定范围内的软弱土层或不均匀土层,回填其他性能稳定、无侵蚀性、强度较高的材料,并夯压密实形成的垫层。

6.3.23
填方 fill
采用碎石、砂浆、土体等材料填筑边坡、地裂缝、地面塌陷、充填沟谷、洞穴等的土石方工程。

6.3.24
堆石 rock filling
按照一定的施工方法和要求,把石料堆成一定密实度堆筑体的施工作业。

6.3.25
砌石 masonry, stone masonry
把散体的块石不用胶结材料(干砌)或用胶结材料(浆砌)砌筑成规则的整体的施工作业。

6.3.26
抛石 riprap
按工程要求把块石抛投至指定位置堆成散石堆的施工作业。

6.3.27
充填 filling
用黏土、砂、石等材料充填裂缝、采空区或岩溶孔洞,形成充填体,以阻止地表水入渗、防止或减缓地面塌陷和变形的工程措施。

6.3.28
水力充填 hydraulic stowing; hydraulic stowage; hydraulic silting; slushing; hydraulic fill
利用水力通过管道把充填材料送入充填区的充填方法。

6.3.29
　　静压充填　hydrostatic pressure stowing
　　利用砂浆从喇叭口到充填地点的位能使砂浆流到充填地点的充填方式。

6.3.30
　　动压充填　dynamic pressure stowing
　　利用砂浆泵将砂浆输送到充填地点的充填方式。

6.3.31
　　离层注浆充填　grouting in separated-bed
　　为减少采动对地表影响,通过钻孔向煤层上覆岩层裂隙中注浆的方法。

6.3.32
　　碾压　roll,rolling
　　用碾压机械分层压实土石料,以提高其密实度的施工作业。包括重锤夯实、机械碾压、振动压实、强夯等方法。

6.3.33
　　夯实　tamp,tamping
　　利用重物反复自由坠落,对地基或填筑土石料进行夯击,以提高其密实度的施工作业。

6.3.34
　　压实　compact,compacting
　　利用机具的挤压或振动、冲击作用,使土石料颗粒间的孔隙减小,以提高其密实度的施工作业。

6.3.35
　　压实度　degree of compaction
　　指土或其他填充材料压实后的干密度与标准最大干密度之比,以百分数表示。

6.3.36
　　最优含水率　optimum moisture content, optimum water content
　　指在一定功能的压实(或击实、或夯实)作用下,能使填土达到最大干密度时相应的含水率。

6.3.37
　　最大干密度　maximum dry density
　　击实或压实试验所得的干密度与含水率曲线上峰值点所对应的干密度。

6.4　支挡工程

6.4.1
　　挡土墙　retaining wall
　　指支承填方陡坎、开挖明堑或斜坡岩土体,保证填土或岩土体稳定而修筑的结构物。根据浇筑材料,可分为浆砌或干砌块石挡墙、毛石混凝土挡墙、现浇素混凝土挡墙、钢筋混凝土挡墙及预制混凝土块体挡墙等。

6.4.2
　　抗滑挡土墙　anti-slide retaining wall
　　依靠挡墙的自身重量来抵抗滑坡推力的防治措施。

6.4.3
　　重力式挡墙　gravity retaining wall
　　由墙身和底板构成的、主要依靠自身重量维持稳定的挡土建筑物。

6.4.4

半重力式挡土墙 semi-gravity retaining wall

为减少圬工砌筑量而将墙背建造为折线型的重力式挡土建筑物。

6.4.5

衡重式挡墙 shelf retaining wall

墙背设有衡重台(减荷台)的重力式挡土建筑物。

6.4.6

悬臂式挡墙 cantilever retaining wall

由底板及固定在底板上的悬臂式直墙构成的,主要依靠底板上的填土重量维持稳定的挡土建筑物。

6.4.7

空箱式挡土墙 chamber retaining wall

由底板、顶板及立墙组成空箱状的,依靠箱内填土或充水的重量维持稳定的挡土建筑物。

6.4.8

板桩式挡土墙 sheet-pile retaining wall

利用板桩挡土,依靠自身锚固力或设帽梁、拉杆及固定在可靠地基上的锚碇墙维持稳定的挡土建筑物。

6.4.9

扶臂式挡墙 counterfort retaining wall

由底板及固定在底板上的直墙和扶壁构成的,主要依靠底板上的填土重量维持稳定的挡土建筑物。

6.4.10

俯斜式挡墙 up-inclined retaining wall

是指墙体倾斜,墙背法向指向偏上,坡比约 1:0.2 的挡墙。

6.4.11

仰斜式挡墙 down-inclined retaining wall

是指墙体倾斜,墙背法向指向偏下,坡比约 1:0.25 的挡墙。

6.4.12

直立式挡墙 upright retaining wall

是指墙体近直立,墙背法向指向水平,坡比约 1:0 的挡墙。

6.4.13

加筋土挡墙 reinforced soil retaining wall

利用土内拉筋与土之间的相互作用,限制墙背填土侧胀,或以土工织物层层包裹土体以保持其稳定的由土和筋材建成的挡墙。

6.4.14

锚杆式挡土墙 anchored retaining wall

由钢筋混凝土板和锚杆组成,依靠锚固在岩土层内的锚杆的水平拉力以承受土体侧压力的挡土墙。

6.4.15

锚定板挡土墙 anchor plate retaining wall

由墙面系、钢拉杆、锚定板和充填墙面与锚定板之间的填土共同组成的挡土结构。依靠来源于锚定板前填土的被动抗力"拉杆"的抗拔力来保持挡土墙的稳定。

6.4.16

土钉式挡土墙 retaining wall with soil nail

用于原位土体加固和稳定边坡的一种新型支挡结构。它由被加固土,放置于原位土体中的金属杆件(土钉)以及附着于坡面的混凝土护面板组成,形成一个类似重力式的挡土墙,以此来抵抗墙后传来的土压力和其他作用力,从而达到加固土体和稳定坡面的目的。

6.4.17

抗滑片石垛 anti-slide rubble mass

一种用垒砌石块的方法来阻止滑坡体下滑、达到稳定滑坡目的的工程措施。

6.4.18

抗滑稳定性 anti-slide stability

在总侧向推力作用下,挡墙与地基间产生摩阻力和黏聚力抵抗其滑移的能力。

6.4.19

抗倾覆稳定性 anti-overturning stability

抵抗墙身绕墙趾向外转动至倾倒的能力。

6.4.20

前趾 wall toe

为调整挡土建筑物重心,其底板向墙前挑出一定长度的部分。

6.4.21

外部稳定性分析 external stability analysis

保证在墙后土压力的作用下,挡土墙整体的抗滑稳定性和抗倾覆稳定性。

6.4.22

内部稳定性分析 internal stability analysis

分析挡土墙的内部失稳形式,保证墙体复合材料的共同功能。主要包括拉筋(锚杆)在拉力作用下的抗拉和抗拔作用分析。

6.4.23

勾缝 pointing joint

在圬工中使用特殊填缝材料,如石灰与麻(纤维)的混合料或灰浆等材料填塞。

6.4.24

砂浆抹面 mortar plastering

涂抹在建筑物或建筑构件表面的砂浆,具有保护基层和增加美观的作用,为建筑物提供特殊功能的系统施工过程。

6.4.25

砌筑砂浆 masonry mortar

将砖、石、砌块等黏结成为砌体的砂浆称为砌筑砂浆,起传递载荷的作用,是砌体的重要组成部分。

6.4.26

伸缩缝 expansion joint

为减轻材料胀缩变形对建筑物的影响而在建筑物中预先设置的间隙。

6.4.27
反滤堆囊 filter heap

为防止挡土墙排水孔堵塞,在墙背排水孔进口处 1 m 范围内设置的土工布包裹碎石堆囊反滤层。

6.4.28
抗滑支挡工程 anti-slide retaining engineering

利用抗滑桩、锚杆(索)、挡墙、格构等支护形式提高边坡稳定性的支挡工程。

6.4.29
抗滑桩 anti-slide pile

穿过滑体进入滑动面以下一定深度,阻止滑体滑动的柱状构件。

6.4.30
悬臂式抗滑桩 cantilever slide-resistant pile

满足一定嵌固深度可视作悬臂结构,用以阻止滑体滑动的柱状构件。

6.4.31
锚索抗滑桩 anchor anti-slide pile

由抗滑桩和锚索组成的用于阻止滑坡滑动的复合结构体系。

6.4.32
树根桩 root pile

主要用于加固既有建筑物地基,桩径小于250mm,可按不同角度设置的形似树根的灌注桩。

6.4.33
人工挖孔桩 manual digging pile

人工挖掘成孔的灌注桩。

6.4.34
钻孔灌注桩 bored pile

在工程现场通过机械钻孔在岩土层中成孔,现场浇注形成的钢筋混凝土柱状结构。

6.4.35
钢管桩 steel pipe pile

利用机械压入或打入的方式将钢管置入需要处理的地基中而形成的一种桩型。直径一般为 400 mm~1 000 mm。

6.4.36
阻滑键 sliding resistance key

在具有明确的软弱滑动结构面的边坡工程地段,为了提高沿滑动面的抗剪强度,沿滑动面走向或垂直活动方向设置的防护措施。

6.4.37
抗弯刚度 bending rigidity, flexural rigidity

材料弹性模量(E)与其转动惯量(I)的乘积。弹性模量为产生单位应变时所需的应力,转动惯量指材料横截面对弯曲中性轴的惯性矩。

6.4.38
抗剪刚度 shear stiffness

材料剪切模量(G)与其受剪截面面积(A)的乘积(GA)。

6.4.39
挠度 deflection

桩弯曲变形时横截面形心沿与轴线垂直方向的线位移。

6.4.40
抗滑桩间距 anti-slide pile spacing

两根相邻抗滑桩截面中心之间的距离。

6.4.41
抗滑桩净间距 net spacing of anti-slide pile

两根相邻抗滑桩邻近边之间的距离。

6.4.42
合理桩间距 proper pile spacing

两根相邻桩间能形成稳定土拱,桩间土不会产生挤出的桩间距。

6.4.43
截面受压区高度 section height of compression zone

混凝土结构构件计算时,按合力大小和合力作用点相同的原则,将正截面上混凝土压应力分布等效为矩形应力分布时,该应力图形的高度。

6.4.44
群桩效应 pile group effect

滑坡防治中,有时采用密集分布的多根抗滑桩组成桩群,通过桩群的共同作用以达到阻滑的目的,但由于滑坡推力从上向下传递的不均匀,导致各桩受力不均匀,从而可能导致某些桩先破坏失效,逐渐发展到全部的桩破坏,这种现象称为群桩效应。

6.4.45
挡土板 retaining slab

用于阻挡土(砂)流动的混凝土或钢筋混凝土薄板,常作其他支护设施的附属结构,如与抗滑桩共同组成桩板墙。

6.4.46
联系梁 linking beam

设置在支护结构顶部加强结构整体完整性的钢筋混凝土连梁。

6.4.47
锁口 locking wellhead

为防止抗滑桩开挖过程中井口周边岩土垮塌掉落及地表水灌入井内,在井口设置的围护结构,一般采用钢筋混凝土材料浇筑。

6.4.48
护壁 wall protection

人工挖孔桩施工过程中使用钢筋混凝土等材料在孔壁做成的板状或筒状结构层,其作用为防止孔壁坍塌、局部阻水。

6.4.49
抗滑桩嵌固长度 embedded length of anti-slide pile

抗滑桩桩身在滑动面以下的埋置深度。

6.4.50
抗滑桩嵌固端 fixed end of anti-slide pile

抗滑桩结构中深入到滑动面以下稳定岩土体中的部分。

6.4.51
滑坡推力 landslide thrust

滑坡防治工程设计中,运用极限平衡分析等方法计算得到的在一定安全系数下的滑坡剩余下滑力。

6.4.52
滑坡推力曲线 landslide thrust curve

滑坡主滑剖面上,各计算条块前端的剩余下滑力所形成的曲线。

6.4.53
桩前滑体抗力 fore-pile resistance of soil/rock

指滑动面以上桩前滑体所能提供的阻滑力。

6.4.54
桩侧弹性抗力 pile-side elastic resistance

抗滑桩结构嵌固端发生侧向位移引起的围岩对抗滑桩结构的约束反力。

6.4.55
桩侧弹性抗力系数 pile-side elastic resistance coefficient

地基承受的侧压力与桩在该位置处产生的侧向位移的比值。

6.4.56
桩底支承 pile bottom support

桩底端由于锚固程度不同,可以分为自由支撑、铰支撑、固定支撑三种。

6.4.57
桩身内力 internal force of a pile

在外力作用下,引起抗滑桩内部相互作用的力,包括抗滑桩桩身的弯距和剪力。受荷段桩身内力应根据滑坡推力和阻力计算,嵌固段桩身内力根据滑面处的弯矩和剪力按地基弹性的抗力地基系数(K)概念计算。

6.4.58
地基系数 foundation coefficient

表征土体表面在平面压力作用下产生的可压缩性的大小。采用刚性承载板进行静压平板载荷试验获得的应力-位移曲线综合确定,单位:MPa/m。地基系数与滑床岩体性质相关,主要包括两种取值方法:K 法和 m 法。

6.4.59
m 法 m method

地基系数随深度呈线性增加的抗滑桩内力确定方法。

6.4.60
K 法 K method

地基系数为常数的抗滑桩内力确定方法。

6.4.61
抗滑桩配筋 reinforcement of anti-slide pile

依抗滑桩构造要求或内力计算结果对抗滑桩进行钢筋选取及配置。

6.4.62
结构重要系数 importance coefficient of a structure

指对不同安全等级的结构,为使其具有规定的可靠度而采用的系数。

6.4.63
支撑 bracing

由钢、钢筋混凝土等材料组成,用以承受荷载而设置的内支承构件。

6.4.64
锚定板墙 anchor slab wall

一种由墙面系统、钢拉杆、锚定板和填土共同组成的轻型挡墙。

6.4.65
初期支护 primary lining

采用矿山法进行暗挖施工后,在岩体上喷射或浇筑防水混凝土所构成的第一次衬砌。

6.4.66
锚喷支护 shotcrete-anchorage support

单独或结合使用喷混凝土、锚杆、加钢丝网支护围岩的措施。

6.4.67
衬砌 lining

地下工程施工中,为提高或改善开挖洞室内壁稳定性,采用混凝土、钢板等材料进行护砌的工程。

6.4.68
二次衬砌 secondary lining

在洞室已经进行初期支护的条件下,用混凝土等材料修建的内层衬砌,以达到加固支护、优化防排水系统、美化外观、方便设置通讯、照明、监测等设施的作用。

6.4.69
复合式衬砌 composite lining

是由初期支护和二次衬砌及中间夹防水层组合而成的衬砌形式。

6.4.70
液压支架 hydraulic support, powered support

以液压为动力实现升降、移动,进行顶板支护和管理的一种液压动力装置。分为掩护式液压支架和支撑式液压支架两大类。

6.4.71
掩护式液压支架 shield hydraulic support, shield powered support

在顶梁和底座之间通过立柱支撑并且具有掩护梁的液压支架。

6.4.72
支撑式液压支架 chock hydraulic support, chock powered support

在顶梁和底座之间通过立柱支撑而没有掩护梁的液压支架。

6.4.73
固定支架 fixed trestle

限制管道在支撑点处发生径向和轴向位移的管道支架。

6.4.74
干砌法支撑　dry-masonry support method
用灰岩或砂岩等片石人工回填砌筑空洞，砌体与洞顶板紧密接触支撑顶板，保证上方覆岩稳定性。适用于矿层开采后未完全塌落、空间较大的采空区，且采空区（空洞）内通风良好、易于人工作业、材料运输等施工条件。

6.4.75
浆砌法支撑　wet masonry support method
用灰岩或砂岩等片石或料石砂浆砌筑回填空洞至洞顶，堆砌体支撑顶板，防止上覆岩层塌落、减少下沉幅度。其适用条件同干砌方法，并要求堆砌物具有较高的整体强度。

6.4.76
临时支护　temporary support
地下建筑物开挖过程中，为保证施工安全，对不稳定围岩所进行的临时支撑或加固措施。

6.4.77
超前支护　forepoling, advance support
对将遇到的不利地质情况，在开挖以前预先采取的灌浆、打排管或钢板桩等的支撑防护措施。

6.4.78
混凝土支护墙　concrete support wall
在危岩体空腔部位设置的钢筋混凝土墙体支撑结构。

6.4.79
混凝土支护桩　concrete support pile
在危岩体空腔部位采用钢筋混凝土材料制作桩结构，起到支撑上部岩体和防治岩体滑移的作用。

6.5　拦挡与导流工程

6.5.1
拦砂坝　debris dam
在沟道中拦蓄山洪及泥石流中固体物质的拦挡构筑物。

6.5.2
谷坊坝　check dam
山区沟道内拦截泥沙的小坝群。

6.5.3
圬工重力式拦砂坝　masonry gravity dam
用圬工结构即浆砌石修筑的拦砂坝。

6.5.4
墩（台）座支承轻型拦砂坝　pier support dam
采用浆砌石或毛石混凝土制作的重力式墩座或承台支承，构成闸坝式拦蓄过流结构的拦砂坝。墩台之间用浆砌石圆弧拱或钢筋混凝土平板连接并传递土压力，溢流段为外形类似于连拱坝或平板坝的闸坝型空间结构。

6.5.5
土石混合坝　composite dam
土石坝泛指由当地土料、石料或混合料，经过抛填、辗压等方法堆筑成的拦挡坝。

6.5.6

格栅坝　grid dam

具有横向、竖向或网格等形状格栏,能够拦蓄泥石流中粗颗粒同时能排泄水流及细颗粒的泥石流拦挡坝,可以分为刚性格栅坝和柔性格栅坝两种。

6.5.7

格宾石笼坝　gabion dam

用格宾网制作的箱状石笼砌筑的拦挡构筑物。格宾网是采用抗腐、耐磨、高强的低碳高镀锌钢丝或者包覆PVC的钢丝由机械绞合编织成多绞状、六边形网目的网片。

6.5.8

整治构筑物　river training structure, regulating structure

控制河道演变、保护河床及河岸的各种水工建筑物。

6.5.9

梳齿坝　comb dam

透水型泥石流拦挡坝的一种,坝体上部设开敞式溢流堰(或齿槽溢流堰),堰下坝身设置单层或多层梳齿缝形成的结构防护措施。

6.5.10

缝隙坝　slit dam

泥石流工程治理措施中一种通过坝体缝隙拦粗排细的透过式坝。

6.5.11

排导槽　drainage canal

由人工开挖、填筑过流断面,或利用自然沟道,砌筑具有规则平面形状和横断面的一种开敞式槽形过流建筑物。

6.5.12

急流槽　chute

在陡坡或深沟地段设置的坡度较陡、水流不离开槽底的沟槽。

6.5.13

V型槽　V-groove

一种横断面呈"V"字形的满铺底全衬砌排导槽。

6.5.14

导流堤　diversion dike

通过改变或控制泥石流流向、流速和动力作用,将泥石流顺利导向停淤场、桥梁孔径中或逃离受保护河岸、公路、铁路、村庄等防护对象,使沟岸不受泥石流的危害,防止或减轻沟道河床不利变形的堤防建筑物。

6.5.15

停淤场　stagnant area

坡度小、地形开阔的沟口低洼地带,通过设置拦挡坝和导流堤等措施,引导流石在其中堆积的场所。

6.5.16

护岸堤　revetment embankment

沿沟岸布置的堤防建筑物。用于保护岸坡稳定,并按需要增加岸坡高度,提高沟道的泄流能力,使泥石流顺利下泄,保护沟道两岸设施不受山洪泥石流的危害。

6.5.17

消能池 stilling basin

即消力池,建在水闸或泄水建筑物下游有护坦及边墙保护的水跃消能设施。

6.5.18

沉砂池 sedimentation basin, silting basin

用以沉淀和清除水流中部分泥砂的池形建筑物。

6.5.19

导沙槽 sand-guide channel

设于渠底用以截取及排除渠道底沙的槽式结构物。

6.5.20

泥石流渡槽 debris flow aqueduct

用于跨越公路、铁路、水渠等线性工程所采用的一种上立交排导建筑物,当渡槽宽度大于跨度时又称为明洞渡槽。

6.5.21

渡槽 aqueduct, flume

渠道跨越其他水道、洼地、公路及铁路时修建的桥式立交输水建筑物。

6.5.22

坝身排水管 drainage conduit of dam

为降低坝体内渗透压力而在靠近上游坝面预留的竖向孔管。

6.5.23

坝身排水孔 discharge orifice of dam

设在坝体上的开敞式或带胸墙的排水孔口。按位置不同可分为泄水表孔、泄水中孔和泄水底孔。

6.5.24

消力墩 baffle block, baffle pier

水跃消能池中用以提高消能效率的墩形辅助消能建筑物。

6.6 锚固与注浆工程

6.6.1

锚固 anchoring

通过锚杆或锚索将不稳定岩土体与稳定岩土体紧密联结,以加固不稳定地质体的工程措施。

6.6.2

锚杆 anchor bolt

通过外端固定于坡面,另一端锚固穿过滑动面的杆体,将拉力传至稳定岩土层,以增大抗滑力,提高边坡稳定性。

6.6.3

锚索 anchor rope

通过外端固定于坡面,另一端锚固穿过滑动面的钢绞线或高强钢丝束,将拉力传至稳定岩土层,以增大抗滑力,提高边坡稳定性。

6.6.4
预应力锚杆 prestressed anchor bar

用锚杆施加预应力的锚固方法,增加支挡结构或岩土体稳定性的措施。由钻孔穿过软弱岩层或滑动面,把杆体一端锚固在坚硬的岩层中(称内锚头),然后在另一个自由端(称外锚头)进行张拉,对岩层施加压力,加固不稳定岩土体。

6.6.5
预应力锚索 prestressed anchor rope, prestressed anchor cable

作用同预应力锚杆,当采用钢绞线或高强钢丝束作杆体材料时,即称为预应力锚索。

6.6.6
预应力钢绞线 prestressed steel strand

由多根高强钢丝捻制成的用于对岩体、混凝土结构物施加预应力的低松弛线束。

6.6.7
有粘结锚索 bonded anchor cable

经张拉锁定、灌浆后,其张拉段与被锚固介质无相对滑动的预应力锚索。

6.6.8
无粘结锚索 anchor without bond

经专用防腐油脂敷涂和外包层处理、张拉锁定后其张拉段在被锚固介质内可相对滑动的预应力锚索。

6.6.9
锚索自由段 free segment of cable

在锚索孔中没有锚固剂的锚索长度,即穿过被加固岩体的孔段。

6.6.10
锚索锚固段 anchoring section

指通过灌浆锚固到岩体内的锚索部分,如果设置止浆环,是指止浆环到孔底的部分。

6.6.11
锚具 anchorage

指将预应力锚索的张拉力传递给被锚固介质的永久锚固装置。

6.6.12
土钉 soil nailing

沿孔全长注浆,依靠与土体之间的界面黏结力或摩擦力在土体发生变形的条件下被动受力并主要承受拉力作用,用来加固或同时锚固现场原位土体的杆件。

6.6.13
压力型锚索 pressure-type cable

锚索受力时,锚固段注浆体处于受压状态的锚索。

6.6.14
拉力型锚索 tension-type cable

锚索受力时,锚固段注浆体处于受拉状态的锚索。

6.6.15
荷载分散型锚索 load-dispersion type anchorage cable

在一个锚孔中,由几个单元锚索组成的复合锚固体系。它能将锚固力分散作用于锚固总锚固段的不同部位上。分为拉力分散型、压力分散型和拉压复合型三种。

6.6.16

锚固一次注浆 first fill grouting

在锚固工程施工中,在规定压力下注入锚孔浆液,形成锚固体的注浆作业。

6.6.17

锚固二次注浆 post fill grouting

锚固体形成后为充填钻孔内的空隙而进行的注浆作业。

6.6.18

二次高压注浆 post high pressure grouting

采用高压注浆使第一次注浆形成的锚固体劈裂,浆液向土体扩散、挤压,使锚固体扩大的注浆作业。

6.6.19

锚固固结注浆 anchorage consolidation grouting

为减小锚固钻孔周围岩体的渗透性或改善地层力学性能,向钻孔内灌注的水泥浆液。

6.6.20

锚固基本试验 basic test of anchoring

为确定锚杆极限承载力和获得有关设计参数而进行的试验。

6.6.21

锚固验收试验 acceptance test of anchoring

为检验锚杆施工质量及承载力是否满足设计要求而进行的试验。

6.6.22

锚固蠕变试验 creep test of anchoring

确定锚杆在恒定荷载作用下位移随时间变化规律的试验。

6.6.23

锚固力设计荷载 design load of anchoring

达到工程目的时,锚固结构所需提供的支撑力。

6.6.24

设计张拉力 design tension

是锚索轴向设计拉力值,锚索在正常使用状态下的极限承载拉力值。

6.6.25

超张拉力 extra design tension

根据锚塞回缩损失、波纹管摩阻损失等确定的预应力损失值,将设计张拉力提高后的张拉荷载。

6.6.26

锁定荷载 locking load

进行锚杆锁定时,作用于锚头上的荷载。

6.6.27

内缩量 drawn-in

锚具与预应力钢绞线间相对位移所产生的预应力钢绞线回缩值。

6.6.28

有效预应力 effective prestress

锚索张拉锁定后,预应力损失达到稳定后的预应力值。

6.6.29
预应力损失　prestress loss

预应力锚索张拉锁定后的应力到建立有效预应力这一过程中所出现的应力减少值。

6.6.30
外锚墩　outer fixed end

对锚杆实现张拉和锁定的支撑装置，也叫外锚头。

6.6.31
群锚效应　anchor group effect

由于锚杆(索)间距过小，在地层中将会产生应力场的相互重叠，使锚杆的抗拔能力减小并位移量增加的现象。

6.6.32
预张拉　pretension

正式张拉作业前，为使锚束中各股钢丝或钢绞线受力均匀所进行的张拉作业。

6.6.33
注浆　grouting

利用灌浆泵或浆液自重，通过钻孔、埋管等方法，将某些能固化的浆液注入岩土体的裂缝或孔隙中，通过置换、充填、挤压等方式改良岩土物理力学性质的工程措施。

6.6.34
预注浆　pre-grouting

工程开挖前使浆液预先充填岩土体孔隙、裂隙，达到堵塞水流、加固岩土体目的所进行的注浆。

6.6.35
固结注浆　consolidation grouting

为改善节理裂隙发育或松散岩土体物理力学性能而进行的注浆工程。可提高岩土体的整体性与均质性、岩土体的抗压强度与弹性模量及减少岩体的变形与不均匀沉陷。

6.6.36
充填注浆　filling grouting

利用浆体的自重，将泥浆或者水泥黏土浆注入土体，充填土体内的孔隙、洞穴和裂缝，达到加固地基和防渗作用。为了提高注浆效率和效果，也可以在注浆孔口施加一定的泵压力。

6.6.37
注浆压力　grouting pressure

注浆压力是给予浆液扩散充填、压实的能量。

6.6.38
注浆量　grouting volume

注浆过程中所使用的浆液总量。

6.6.39
注浆试验　grouting test

为了解岩土体进行灌浆处理的可能性和取得有关技术经济指标，在拟定地段选择适当的地点进行胶结岩土体的一种试验。

6.7 护坡工程

6.7.1
护坡工程 slope protection project

为防治边坡的表面风化、剥落、掉块或冲蚀,在坡面修建的表层防护工程。

6.7.2
生态护坡 ecological slope protection

综合利用植被、复合生物材料与相应工程对坡面进行保护和侵蚀控制的工程途径与手段。

6.7.3
抛石护坡 crushed-rock revetment

对枯水位以下遭受冲蚀的沟岸、河岸或不稳定斜坡坡脚进行抛石,以提高斜坡或坡面稳定性的方法,分为散抛块石、石笼抛石和草袋抛石三种方式。

6.7.4
喷锚护坡 spray anchor slope protection

采用锚杆与喷射水泥混凝土对边坡浅表层岩土体进行加固的技术。

6.7.5
被动柔性防护网 passive flexible protection network

设置于崩塌源区与危害对象之间,由钢丝绳网或环形网、固定系统(锚杆、拦锚绳、基座和支撑绳)、减压环和钢柱构成的网面状防护体系。

6.7.6
主动柔性防护网 active flexible protection net

对斜坡或岩体表面覆盖包裹钢丝绳网等类柔性网,以限制坡面岩土体的风化剥落或崩塌,或将崩塌落石控制于一定范围内的边坡防护技术。

6.7.7
格构护坡 lattice frame revetment

利用浆砌块石、现浇钢筋混凝土或预制预应力混凝土,用梁的形式在边坡表面,做成花格,格子中间种植草皮,并利用锚杆或锚索对边坡浅表层进行加固的方法。

7 监测预警

7.1 监测

7.1.1
地质灾害监测 geohazard monitoring

观察和量测地质灾害体变形信息及相关环境信息的活动。

7.1.2
施工安全监测 construction safety monitoring

地质灾害防治工程施工期间为保证施工安全所开展的监测工作。

7.1.3
防治效果监测 project effect monitoring

为检验地质灾害防治工程的效果所开展的监测工作。

7.1.4
变形监测 deformation monitoring

对地表和地下一定深度范围内的岩土体与其上建（构）筑物的位移、沉降、隆起、倾斜、挠度、裂缝等微观、宏观现象，在一定时期内进行周期性的或实时的观察、测量，并对地质灾害进行分析预报的过程。

7.1.5
地表绝对位移 ground absolute displacement

指地质灾害体上的测点相对于其外部的某一（或多个）固定基准点的三维坐标的变化。

7.1.6
地表相对位移 ground relative displacement

指地质灾害体上变形部位的点与点之间相对位置变化（张开、闭合、下沉、抬升、错动等）。

7.1.7
地面倾斜 ground inclination

地面向一边偏斜的现象。

7.1.8
深部位移 underground displacement

主要指深部岩土体的水平向位移矢量。

7.1.9
多场监测 multiple field monitoring

指通过监测灾害体物理场、化学场等场的变化信息，如应力、地声、地温、放射性元素（氡气、汞气）浓度等，以获取地质灾害体变化的综合信息，并对地质灾害进行分析预报的工作。

7.1.10
应力监测 stress monitoring

采用监测仪器对岩土体内部的应力变化或岩土体与人工建筑体之间的应力变化进行监测的技术与方法，如压力计、锚杆应力计监测等。

7.1.11
应变监测 strain monitoring

采用监测仪器对地质灾害体或治理工程结构中应变情况进行监测的技术与方法，如应变片、钢筋应变计监测等。

7.1.12
动态监测 dynamic monitoring

运用遥感、调查等技术手段和专业监测仪器、计算机、网络通讯等科学设备，对地质灾害的动态变化进行全面系统地反映和分析的科学方法。

7.1.13
地下水动态监测 groundwater dynamic monitoring

对地质灾害体中含水率、孔隙水压力、地下水位、流量、流速、渗透性、水温和水质等随时间变化情况进行的监测。

7.1.14
地表水动态监测 surface water dynamic monitoring

监测地质灾害体及邻近区域地表水体的水位、流量、流速、水温和水质等随时间的变化。

7.1.15
泥位监测 monitoring of debris flow level

对泥石流沟槽中过流断面高度的监测。

7.1.16
泥石流流速监测 current velocity monitoring of debris flow

指对泥石流通过泥石流沟槽某一断面时运动速度的监测，一般采用浮标测速法和阵流法，泥石流流速是重要的泥石流运动要素之一。泥石流流速观测必须和泥位观测同时进行，数值记录要和泥位相对应。

7.1.17
孔隙水压力监测 pore water pressure monitoring

指对地质体中孔隙水压力及其变化的监测。孔隙水压力的变化是土体运动的前兆。静态孔隙水压力监测相当于水位监测。潜水层的静态孔隙水压力测出的是孔隙水压力计上方的水头压力，可以通过换算计算出水位高度。

7.1.18
地声监测 geosound monitoring

对地面受到激振后产生的向四周传播的应力波强度和振动信号（地声信号）的监测。地声信号在地表面呈发射状传播，可跨越起伏不平的丘陵、河流、村庄和树林。

7.1.19
放射性元素监测 radioactive element monitoring

测量放射性元素浓度及其异常变化的监测。

7.1.20
宏观现象监测 macro phenomenon monitoring

通过目测或用皮尺、放大镜等简易工具，对人类感官能觉察到的迹象进行观察和测量，包括裂缝发生及发展，地面沉降、下陷、坍塌、膨胀、隆起，建筑物变形，地声异常，地下水异常，动物行为异常现象等。

7.1.21
灾害前兆信息 disaster precursory information

指地质灾害发生前的宏观变形形迹及其他异常现象。

7.1.22
诱发因素监测 induced factor monitoring

指以监测地质灾害诱发因素为主的监测技术，包括气象监测、地下水动态监测、地震监测、人类工程活动监测等。地质灾害诱发因素监测是地质灾害监测技术的重要组成部分。

7.1.23
气象监测 weather monitoring

通过雨量计、蒸发仪、融雪计、湿度计和气温计等手段对气象因素进行观测，分析气象与地质灾害发生的关系。

7.1.24
降雨量监测 rainfall monitoring

在时间和空间上所进行的对降雨量和降雨强度的观测，包括年均、月均、日均降雨量，最大日降雨量、最大小时降雨量等。

7.1.25
岩土体温度监测　rock and soil temperature monitoring

通过利用埋入式温度计等手段,观察岩土体温度的变化,并分析其与地质灾害发展演化之间的关系。

7.1.26
地震监测　earthquake monitoring

在地震来临之前,对地震活动、地震前兆异常的监视和测量活动。

7.1.27
人类工程活动监测　human engineering activity monitoring

对人工开挖、爆破及诱发地震等因素进行观察,监测并分析其诱发地质灾害的可能性。

7.1.28
地面巡查法　ground patrol method

用常规地质调查方法对地质灾害的宏观变形迹象和与其有关的各种异常现象进行定期的观测、记录,以便随时掌握地质体的变形动态及发展趋势,达到科学预报地质灾害的目的。

7.1.29
简易监测　simple monitoring

借助于普通的测量工具、仪器装置和简易的量测方法,对灾害体、房屋或构筑物裂缝位移变化进行观察和量测,达到监控地质灾害活动的目的。常用的简易监测方法有埋桩法、埋钉法、上漆法和贴片法等。

7.1.30
埋桩法　buried pile method

横跨裂缝两侧设置标识桩,用钢卷尺定期测量桩之间的距离,用以了解地质灾害变形活动过程。

7.1.31
埋钉法　buried nail method

在建筑物裂缝两侧各钉一颗钉子,通过测量两侧两颗钉子之间的距离变化来判断地质灾害的变形活动。这种方法对于临灾前兆的判断非常有效。

7.1.32
上漆法　painting mark method

在建筑物裂缝的两侧用油漆各画上一道标记,定期测量两侧标记之间的距离,根据裂缝是否存在扩大的信息,判断地质灾害的变形活动趋势。

7.1.33
贴片法　coating method

横跨建筑物裂缝粘贴水泥砂浆或纸片,如果砂浆片或纸片被拉断,说明灾害体发生了明显变化,须严加防范。贴片法不能获得具体数据,但是可以非常直接地判断地质灾害的活动变化情况。

7.1.34
地质灾害群测群防　geohazard observation and prevention by everyone

群众性预测预防地质灾害工作的统称。主要通过宣传培训,使当地群众增强减灾意识,掌握防治知识,并依靠当地政府组织,在地质灾害易发区开展以当地民众为主体的监测、预报、预防工作。

7.1.35
仪器仪表监测　instrument monitoring

采用机测或电测仪表(安装、埋设传感器)对地表及深部位移、应力、地声、水位、水压、含水率等进行的监测。

7.1.36

自动遥测　automatic telemetry

基于有线和无线传输技术,对仪表监测进行远距离遥控,实现自动采集和传输数据,以及全天候不间断监测。

7.1.37

水准测量法　leveling

水准测量法是用水准仪和水准尺测定地面上两点间高差的方法。

7.1.38

大地形变测量法　geodetic deformation survey

利用地壳运动观察网络、重力测量、卫星测地技术及 INSAR 技术等手段,观测地球表面某一区域水平运动、垂直运动及随时间的变化迹象,达到监控和预测预报地质灾害活动状况的目的。

7.1.39

控制点　control point

以一定精度测定其位置,为其他测绘工作提供依据的固定点。分为平面控制点和高程控制点。

7.1.40

基准点　datum point

工程测量时作为标准的原点称为测量基准点。按照基准点在测量体系中所处的位置可分为相对基准点和绝对基准点。

7.1.41

近景摄影测量法　close-range photogrammetry

利用近景摄影测量技术,获得测量对象的形状、大小和运动参数,即获得目标上点群的三维空间坐标,通过分析目标点群三维空间坐标的变化,达到监控地质灾害变形活动状态的目的。近景摄影测量的距离一般为数十米到数百米。

7.1.42

激光微小位移测量法　laser micro displacement measurement

在需要监测的地质体上选择适当位置建造一个目标平台,激光光源安装于目标平台上,让激光光束与地质体的位移方向平行。在地质体稳定地带,对应激光束照准的部位建造一个基准平台,由望远镜头和 CCD(charge coupled device)摄像器构成的成像系统安放于基准平台上,并使镜头对准激光束。此方法可以同时测量地质体三个方向的位移变化,测量精度较高。

7.1.43

地表位移 GPS 测量法　ground displacement measured by GPS

利用 GPS(全球定位系统)测量地表变形来进行地质灾害变形监测的一种方法。由 GPS 控制点、基准点、变形监测点等组成地质灾害监测网。

7.1.44

激光扫描法　laser scanning

通过发射红外线光束到旋转式镜头的中心,旋转检测环境周围的激光,一旦接触到物体,光束立刻被反射回扫描仪,红外线的位移数据被测量,从而反映出激光与物体之间的距离。

7.1.45

遥感(RS)测量法　remote sensing survey

利用卫星遥感影像所反映的丰富的地面信息,周期性获取同一地点影像,对同一地质灾害点不同时相的遥感影像进行对比,从而达到对地质灾害动态监测的目的。

7.1.46

合成孔径雷达干涉测量法(InSAR) interferometric synthetic aperture radar, InSAR

根据复雷达图像的相位数据来提取地面目标三维空间信息的技术。利用两副天线同时成像或一副天线相隔一定时间重复成像,获取同一区域的复雷达图像对,通过求取两幅SAR图像的相位差,得到干涉图像,然后经相位解缠,从干涉条纹中获取地面目标的三维坐标。

7.1.47

星载合成孔径雷达干涉测量法 spaceborne SAR

是以卫星或航天飞机为承载飞行平台的合成孔径雷达干涉测量方法,运行轨道高度为数百千米。

7.1.48

伸缩计法 extensometer

采用电感调频等原理研制的传感器,对滑坡等地质灾害体表面位移监测。安装时需在测点周围设定一个相对不动的基点。

7.1.49

地表倾斜监测法 ground incline monitoring

指对地质灾害体地面倾斜方向和倾角变化进行监测的方法。常用的方法有水准测量方法、液体静力测量方法和倾斜仪测量方法等。

7.1.50

测缝法 joint measurement

对地质灾害引起的地表或建(构)筑物裂缝相对位移的监测方法,包括人工测缝法、自动测缝法及遥测法,前两种适用于裂隙两侧岩土体张开、闭合、位错、升降变化的监测,后者适用于地质灾害加速变形阶段的监测。

7.1.51

钻孔位移计监测法 borehole extensometer

测量岩体内部位移的一种方法,测量原理是将岩体内部某一点的位移状态,通过与之固定的某种传递介质引至岩体外部进行测量。钻孔位移计有单点位移计和多点位移计两大类。

7.1.52

基岩标 bedrock benchmark

埋设在基岩或稳定地层上的地面水准观察标志。

7.1.53

分层标 layerwise mark

埋设在不同深度松散土层分界面位置的地面水准观察标志。

7.1.54

LiDAR测量 LiDAR monitoring

LiDAR即激光探测和测距系统,可以量测地面物体的三维坐标。

7.1.55

应力测量法 stress measurement

应力是不能直接测量的,只能先测出应变,然后按应力与应变的关系式计算出应力。目前主要的测试方法有电测法、光纤光栅法、振弦式应变测量等。

7.1.56

声发射监测　acoustic emission monitoring

材料或岩体结构受力作用时发生变形或断裂,以弹性波形式释放出应变能的现象称为声发射,可用仪器监测分析声发射信号,利用声发射信号推断声发射源。

7.1.57

微震监测　microseismic monitoring

岩体在变形破坏的整个过程中,与裂纹的产生和扩展相伴随的是以应力波的形式释放能量,从而产生微震事件。通过监测、分析微震事件,可以推测岩体发生破坏过程和程度的信息。

7.1.58

氡气测量　radon measurement

氡气测量是射气测量的一种,它是用测氡仪测量土壤空气、大气和水中氡及其子体浓度的一类方法。放射性元素在衰变过程中产生的氡等射气,当它们遇到断层及构造裂隙带时,就会沿裂隙上升到地表并在土壤中富集。

7.1.59

α卡法　alpha card method

用仪器测量α粒子的浓度,根据剖面浓度曲线变化,确定地裂缝位置及宽度的方法。

7.1.60

倾斜仪棒法　clinometer rod monitoring

倾斜仪棒是悬挂在跨越泥石流电缆上的一根长 2 m 的钢棒,泥石流运动对钢棒产生牵引,如果在 20 s 内钢棒从垂直位置连续倾斜超过 20°,则水银开关闭合,发出警报。

7.1.61

岩溶水(气)压力监测　karst groundwater/gas pressure monitoring

通过对岩溶管道裂隙中的地下水(气)压力变化进行监测,可以对岩溶塌陷进行预报。

7.1.62

示踪法　tracer method

用一些稳定且易于监测的物质作为示踪剂,研究地下水运动情况和变化规律的方法。

7.1.63

孔隙水压力测量　pore water pressure measurement

采用孔隙水压力传感器,测量地质灾害体中地下水压力的时间及空间变化特征。

7.1.64

流速测量　flow velocity measurement

采用机械、散热率、动力测压、激光测速、示踪等方法进行流速测量,以研究地表水和地下水的流动特征。

7.1.65

光纤传感器　optical fiber sensor

指利用光纤中传输光波的物理特征参量(光强、相位、偏振态、波长等)随光纤环境温度或受力变形状态变化而变化的特性,开发的通过测量光参量的变化"感知"被测对象温度或受力变形状态的监测仪器。

7.1.66

光纤布拉格光栅传感器　optical fibre Bragg grating sensor

将光纤特定位置制成折射率周期分布的光栅区,使得特定波长(布拉格反射光)的光波在这个区域内被反射,将光栅区用作传感区,其传感过程是通过外界物理参量对光纤布拉格波长的调制来获取传感信息,是一种波长调制型光纤传感器。

7.1.67
布里渊光时域反射技术(BOTDR)　Brillouin optic time-domain reflectometer

基于布里渊散射光原理的反射光时域分析技术。该技术基于自发布里渊散射原理,利用光纤中布里渊散射光频率变化量(频移量)与光纤轴向应变或环境温度变化之间呈线性关系来实现传感。属于光纤单端检测技术。

7.1.68
布里渊光时域分析技术(BOTDA)　Brillouin optic time-domain analysis

基于布里渊散射光原理的分析技术。该技术基于受激布里渊散射原理,利用光纤中布里渊散射光频率变化量(频移量)与光纤轴向应变或环境温度变化之间呈线性关系来实现传感。属于光纤双端检测技术。

7.1.69
三维激光扫描测量技术　3D laser scanning measurement

激光测距仪发射激光,并同时接收来自斜坡表面的反射光信号进行距离测量;针对每个地物扫描点的信息,借助与测站至扫描点的斜距,配合激光扫描的水平与垂直方向角,计算出每个地物扫描点相对于测站的三维空间相对坐标。当斜坡存在变形时,通过周期性重复扫描,计算不同期次之间地表扫描点的坐标差,即可获得斜坡表面的变形数据。

7.1.70
核磁共振技术　nuclear magnetic resonance

是基于核磁共振现象的成像技术,主要用途是获取被测对象内部结构图像。

7.1.71
全站仪　electronic total station

即全站型电子测距仪,集光、机、电为一体,可进行水平角、垂直角、距离(斜距、平距)、高差测量的测绘仪器系统。

7.1.72
位移计　displacement meter

用于地质灾害或人工结构物位移、沉陷、裂缝伸缩变形等长期测量的一类传感器。

7.1.73
裂缝计　crackmeter

用于地质灾害或人工结构物裂缝伸缩变形长期测量的一类传感器。根据传感器的测量原理,分振弦式、电容式、电感调频式、差阻式、磁滞式、互感式等。

7.1.74
钻孔倾斜仪　borehole inclinometer

是一种测定钻孔水平位移的原位监测仪器。一般由测斜管、传感器、数字式测读仪三部分组成。测斜仪的原理是通过摆锤受重力作用来测传感器与铅垂线之间的倾角 ϕ,进而计算垂直位置各点的水平位移。

7.1.75
倾斜仪　clinometer

测量地面或建筑物表面倾斜变化的传感器。

7.1.76
水位计　water level meter/gauge

自动测定并记录河流、湖泊和灌渠等水体的水位的传感器。按传感器原理分浮子式、跟踪式、压力式和反射式等。

7.1.77
泥位计　mud level meter/gauge

一种用于测定泥石流爆发时泥石流通道断面上泥石流表面高程变化的传感器。

7.1.78
柔性位移计　flexible displacement meter

一种用于测量各种土工格栅、土工布等土工材料应变的传感器。

7.1.79
雨量计　rainfall recorder

用来测量某地区一段时间内的降雨量的装置。常见的有虹吸式雨量计、称重式雨量计、翻斗式雨量计等。

7.1.80
流量计　flowmeter

用于测量管道或明渠中流体流量的一种仪表。可分为瞬时流量计和累计流量计。瞬时流量计即测量单位时间内通过封闭管道或明渠有效截面流体的量;累计流量计即测量在某一段时间间隔内流过封闭管道或明渠有效截面流体的累计量。

7.1.81
土壤水分速测仪　soil moisture tacheometer

一种用来对土壤含水率进行快速检测的仪器。基于介电理论与频域测量方法实现土壤水分的快速测量,由于土壤介电常数的变化通常取决于土壤的含水率,由输出电压和水分的关系则可计算出土壤的含水率。

7.1.82
孔隙水压计　piezometer

用于测量岩土层或构筑物内部孔隙水压力或渗透压力的传感器。按传感器类型可以分为差动电阻式、振弦式、压阻式及电阻应变片等。

7.1.83
影像测量仪　image measuring instrument

基于成像在光电耦合器件上的光学影像系统(简称影像系统),通过光电耦合器件采集,经过软件处理成像,显示在计算机屏幕上,利用测量软件进行几何运算得出最终结果的非接触式测量仪器。

7.1.84
压力计　pressure gauge, pressure cell

用于岩土工程中进行介质内应力测量,以及围岩与支护结构之间,喷射混凝土与现浇混凝土之间接触应力测量的仪器。

7.1.85
钢筋计　reinforcement meter

用于长期埋设在钢筋混凝土结构物内,测量结构物内部的钢筋应力,并可同步测量埋设点的温度的振弦式传感器。

7.1.86

锚索测力计 anchor dynamometer

测量锚索预应力状态的振弦式传感器。

7.1.87

电阻应变仪 resistance strain gauges

一种利用金属应变-电阻效应制成的电阻应变计,通过测量电阻变化,间接测量构件应变的仪器。

7.1.88

静态应变仪 static strain gauge

用电学方法测量不随时间变化或变化极为缓慢的静态应变。

7.1.89

声发射仪 acoustic emission instrument

用来探测、记录、分析声发射信号和利用声发射信号推断声发射源的仪器。

7.1.90

次声监测预警仪 infrasound monitoring and warning device

一种通过次声传感器采集信号,并在地质灾害现场实时进行次光报警的监测仪器。

7.1.91

地声监测预警仪 earthquake sound monitoring and warning device

一种通过地声传感器采集信号,并在地质灾害现场实时进行声光报警的监测仪器。

7.1.92

三维激光扫描仪 3D laser scanner

利用激光测距的原理,通过记录被测物体表面大量的密集的点的三维坐标、反射率和纹理等信息,快速复建出被测目标的三维模型及线、面、体等几何空间要素的仪器。

7.1.93

收敛计 convergence gauge

在隧道施工过程中测量隧道周边两点之间变形量的仪器。一般由粗测装置、精测装置、张拉力装置和支架组成。

7.2 预测预报及预警

7.2.1

地质灾害预测 geodisaster/geohazard prediction

根据地质灾害发生规律,结合地质条件、气象变化因素及监测资料,对未来地质灾害发生的时间、地点、成灾范围和影响程度等进行估计和推断的工作。

7.2.2

地质灾害预报 geodisaster/geohazard forecast

由县级以上人民政府国土资源主管部门会同气象主管机构向社会发布可能发生地质灾害的时间、地点、成灾范围和影响程度等信息的行为。

7.2.3

地质灾害预警 geodisaster/geohazard early-warning

指在地质灾害发生之前,根据地质灾害发展演化的规律或监测和观察得到的前兆信息,当地人民政府向公众发出预警信号,报告危险情况,以便采取相应的应对措施,从而最大程度地减轻地质灾害所造成的损失的行为。

7.2.4

地质灾害气象风险预警 geohazard meteorological risk early-warning

指在一定地质环境和人为活动背景条件下,根据气象变化趋势,预测某一地域、地段或地点在某一时间段内发生地质灾害的风险大小,由县级以上人民政府国土资源主管部门会同气象主管机构向公众发出预警信号的行为。

7.2.5

地质灾害气象风险预警级别 early-warning grade of geohazard meteorological risk

对某一地域、地段或地点在某一时间段内受气象因素的影响发生地质灾害的可能性大小进行的分级。地质灾害气象风险预警级别分为四个等级:
a) 一级,风险很高,发布预警信息,用红色表示;
b) 二级,风险高,发布预警信息,用橙色表示;
c) 三级,风险较高,发布预报信息,用黄色表示;
d) 四级,风险低,不发布相关信息,用蓝色表示。

7.2.6

地质灾害空间预测 spatial prediction of geohazard

分析、判断和圈定未来一定时间段内可能发生地质灾害的地理位置的工作。常用的方法有:信息模型预测法、统计模型预测法、专家系统预测法、灰色系统模型预测法、模式识别模型预测法、非线性模型预测法等。

7.2.7

有效降雨量 effective rainfall

扣除地表径流和蒸发等损失后,通过入渗地下改变岩土性质及地下水状态,诱发地质灾害的这部分降雨量。

7.2.8

降雨强度判据 rainfall intensity criterion

指用降雨量强度作为预测地质灾害的指标。

7.2.9

降雨量阈值 rainfall threshold

指地质灾害发生时的降雨量临界值或降雨强度临界值。

7.2.10

预测指标体系 prediction index system

指由表征地质灾害发生的内在因素和诱发因素的若干个指标,所构成的具有内在结构的有机整体。

7.2.11

综合预测 comprehensive prediction

运用现有地质灾害防治的经验和对地质灾害孕育和演化过程的理论认识,通过对各种资料的综合分析,进行判断并提出地质灾害灾情分析意见的预报方法。

7.2.12

确定性预测模型 deterministic prediction model

指用严格的推理方法,特别是数学、物理方法,进行精确分析,得出准确地质灾害预测判断的模型。

7.2.13

非确定性预测模型 undeterministic prediction model

指不是依靠严格的数学物理方法进行精确的分析计算,而是通过统计等方法进行预测判断的模型。

7.2.14

斋藤模型 Saito model

斋藤迪孝以破坏三阶段理论为基础,通过大量的试验,得出不同阶段均质土坡的滑坡时间与蠕变速率之间的经验公式,据此预测滑坡的破坏时间,这种模型即为斋藤模型。

7.2.15

生物生长模型 biological growth model

根据斜坡失稳破坏的发展过程与描述生物生长规律的曲线相类似,利用生物生长曲线进行滑坡预报的数学模型。

7.2.16

灰色模型 grey system model

利用较少的或不确切的表示灾害系统行为特征的原始数据序列作生成变换后建立的用以描述灾害系统连续变化过程的预测模型。

7.2.17

非线性模型 nonlinear model

针对地质灾害的非线性特征,通过曲线拟合相关性检验的方法,建立非线性方程对地质灾害进行评价,实现对未来短时间的预测。

7.2.18

信息量法 informational method

把各种地质灾害因素在地质灾害作用过程中所起作用程度的大小用信息量来表达,因素组合对某地质灾害事件的确定带来的不确定性程度的平均减少量等于该地质灾害系统熵值的变化,通过地质灾害发生过程中熵的减少来表征地质灾害事件产生的可能性,以此来进行地质灾害的预测。

7.2.19

模糊综合评判法 fuzzy comprehensive evaluation

是一种基于模糊数学的综合评价方法。该综合评价法根据模糊数学的隶属度理论把定性评价转化为定量评价,即用模糊数学对受到多种因素制约的事物或对象做出一个总体的评价。

7.2.20

区域空间预测模型 spatial prediction model of regional hazard

根据地质灾害的区域发育规律以及与控制因素和主要影响因素的关系,建立用来预测地质灾害易发的空间范围,圈定地质灾害易发区(敏感区)的评价模型。

7.2.21

单体地质灾害实时预测模型 real-time prediction model for a single geohazard

指基于单个地质灾害自身演化规律和外部触发因素的作用规律,建立的适合于地质灾害时间实时预测的相关模型,如蠕变模型、速度导数模型、灰色系统模型等。

7.2.22

地质灾害长期预测 long-term prediction of geohazard

对未来五年内可能发生地质灾害的类型、地点、危害情况等进行的预测。

7.2.23
地质灾害中期预测 intermediate-term prediction of geohazard

对未来一年或两年内可能发生地质灾害的类型、地点、危害情况等进行的预测。

7.2.24
地质灾害短期预报 short-term prediction of geohazard

对未来几个月内可能发生地质灾害的类型、地点、危害情况等进行的预报。

7.2.25
地质灾害临灾预报 imminent prediction of geohazard

对未来数小时内地质灾害发生发展趋势进行的预报。

7.2.26
监测预警 monitoring and warning

基于遥感技术、地理信息系统和全球定位系统及地质灾害监测技术,以一定范围的滑坡、泥石流及崩塌等地质灾害体为监测对象,对其在时空域的变形破坏信息和灾变诱发因素信息实施动态监测,通过对变形因素、相关因素及诱因因素信息的相关分析处理,对灾害体的稳定状态和变化趋势做出判断,以及分析灾害可能出现的时间、规模、危害范围,制订临灾紧急避让行动方案等相关工作。

7.2.27
实时预报信息发布 release of real-time forecast information

基于某种信息平台开发地质灾害实时预测预报系统,通过建立专门的网址实现信息的实时传送。任何一个地区、决策部门或用户可对预测预报信息进行浏览、查询,为实时预测预报提供最快捷的方式与途径。

7.2.28
预警信号 early warning signal

相关部门向社会公众发布的预警信息。预警信号由名称、图标、标准和防御指南组成。

8 应急管理与处置

8.1 地质灾害应急管理

8.1.1
地质灾害应急 geohazard emergency response

为应对突发性地质灾害而采取的灾前应急准备、临灾应急防范措施和灾后应急救援等应急反应行动。同时,也泛指立即采取超出正常工作程序的行动。

8.1.2
应急响应等级 emergency response grade of geological disaster/hazard

指根据地质灾害险情和灾情分级划分出应急机构和应急工作程序的级别,一般分为四级,Ⅰ级对应特大型地质灾害险情和灾情,Ⅱ级对应大型地质灾害险情和灾情,Ⅲ级对应中型地质灾害险情和灾情,Ⅳ级对应小型地质灾害险情和灾情。

8.1.3
地质灾害应急管理 geohazard emergency management

指政府及其他公共机构在地质灾害的事前预防、事发应对、事中处置和善后恢复过程中,通过建立必要的应对机制,采取一系列必要措施,应用科学、技术、规划与管理等手段,保障公众生命、健康和财产安全,促进社会和谐健康发展的有关活动。

8.1.4

地质灾害应急管理体制 emergency management system for geological disaster

指在地质灾害应急管理过程中,有关国家机关、企事业单位的管理职能设置、权限划分及其相互关系的规范制度的总称。

8.1.5

地质灾害应急体系 emergency system for geological disaster

指处理突发地质灾害需要建立的,行使不同职能的多个子体系的统称。通常包括:
a) 组织管理体系;
b) 制度保障体系;
c) 技术支撑体系;
d) 经费投入体系;
e) 群测群防体系。

8.1.6

地质灾害应急能力建设 capacity building for geohazard emergency

指为了在地质灾害应急处置中实现人民群众利益和生态效益最大化,不断创造改进主客观条件,拓展和改善应急作用的环境和空间的过程。通常贯穿于突发地质灾害的预防与应急准备、监测、预警、应急处置与救援、事后恢复与重建等多个环节。

8.1.7

地质灾害应急运行机制 emergency operation mechanism of geological hazard

指地质灾害应急组织体系中各部分之间相互作用的方式和规律,包括突发地质灾害的监测预警机制、信息报告机制、应急决策协调机制、分级负责和响应机制、应急处置程序、公众沟通机制、社会动员机制、应急资源配置和征用机制、奖惩机制等。

8.1.8

联动协调机制 joint coordination mechanism

指在地质灾害应急管理过程中,将各级政府、各部门、社会组织及公众有效组织起来,通过沟通和信息交流,整合各种人力物力资源,共同行动,协调应对处置突发地质灾害的规范化运作模式。

8.1.9

地质灾害应急法制 legislation for geohazard emergency

广义上指国家和地方应对突发地质灾害应急的有关原则机制、方式方法、程序标准,应急管理机构及其职能设置和权限划分等法律与制度的总称。狭义上指根据应急阶段不同,在法律法规与规章制度中关于地质灾害的预防与准备、监测与预警、处置与救援、恢复与重建等规定的总称。

8.1.10

地质灾害速报制度 quick reporting system for geological disaster

指国土资源主管部门接到地质灾害报告后,根据灾(险)情级别,在规定时间内迅速向上级人民政府和国土资源主管部门报告的制度。

8.2 地质灾害应急工作程序

8.2.1

突发地质灾害应急预案 planning for geohazard emergency

指针对发生和可能发生的突发地质灾害,事先研究制定的应对计划和方案。一般包括国家和各行政区域的突发性地质灾害应急预案，以及单体地质灾害应急预案。

8.2.2

应急演练 emergency exercise

指各级人民政府及其部门、企事业单位、社会团体等组织相关单位及人员，依据有关应急预案，模拟应对突发地质灾害应急处置过程的活动。

8.2.3

地质灾害应急响应 emergency response to geological disaster

指各级应急组织根据突发地质灾害灾（险）情实际情况，为避免灾害的进一步发生、降低灾害影响，所进行的一系列决策、组织指挥和应急处置行动。

8.2.4

地质灾害灾（险）情信息发布 information issue of geohazard

指各级政府或其设立的应急指挥机构在地质灾害灾（险）情发生后，按照有关规定，统一、准确、及时地将地质灾害的核实情况、事态进展以及应对处置措施情况等信息进行发布的过程。

8.2.5

应急准备 preparedness for geohazard emergency

指地质灾害应急办公室接到应急响应指令后，立即按照应急响应级别做好相关准备工作的过程，包括组织制定具体行动方案、通知相关技术支撑单位做好准备、安排工作组人员赶赴现场、调配技术装备及调集相关技术资料等应急资源、做好通讯保障等。

8.2.6

应急救援 emergency rescue

指针对突发的地质灾害险情和灾情，为解救受灾人员、控制事态发展、消除危害后果和恢复生产生活而采取的紧急措施和行动。

8.2.7

现场险情应急响应行动 on-spot emergency response to geohazard

指针对突发地质灾害险情采取的实地工作活动，包括快速了解险情和抢险工作进展、开展地质灾害应急调查并评估险情、扩大范围调查地质灾害灾情隐患、组织专家会商预测险情趋势、研究提出预警建议和避险排险技术咨询方案以及向地方政府提出技术指导建议等活动。

8.2.8

现场灾情应急响应行动 on-spot emergency response to geological disaster

指针对突发地质灾害灾情采取的实地工作活动，包括快速了解灾情以及抢险救灾工作进展、开展地质灾害应急调查、评价灾情和预测险情、扩大范围调查区内地质灾害隐患、研究提出抢险救灾技术咨询方案、向地方政府提出技术咨询建议和认定地质灾害责任等活动。

8.2.9

地质灾害应急值守 attendant for geohazard emergency

指为有效应对和处置突发地质灾害，确保政令畅通和信息及时报告，在重要时段、重点区域安排专人负责值班守护的工作，是地质灾害应急工作的关键环节。

8.2.10

应急响应结束 termination of emergency response

指经专家组鉴定地质灾害灾（险）情已消除，或者得到有效控制后，由发布应急响应的机构宣布中止应急状态，转入常态的过程。

8.3 地质灾害应急保障与应急处置措施

8.3.1

应急保障 emergency support

为使应急体系正常运行和有效开展地质灾害应急工作,政府在人力、物力、财力、设施、信息、技术等各方面资源进行的准备配置。

8.3.2

地质灾害应急装备 equipment needed for geohazard emergency

指为满足地质灾害应急工作需要所配备的诸如工具、器材、服装等物质设备的总称。根据应急装备用途,分为调查装备、监测装备、测绘装备、远程会商装备、防护装备等;根据空间用途分为空中装备、地面装备、水上装备、水下装备等。

8.3.3

地质灾害应急资料 data needed for geohazard emergency

指为满足地质灾害应急工作需要所配备的信息材料的总称,包括行政区划图、地形图、地质图等背景信息资料,地质灾害分布等基础地质灾害资料以及近期降雨预报、气象预警信息、卫星航空遥感图像数据等。

8.3.4

地质灾害应急避险 emergency avoidance of geological hazards

指使受灾对象免受地质灾害灾(险)情的危害或威胁,所采取的紧急撤离行为,可分为主动躲避与被动撤离。

8.3.5

地质灾害应急避难场所 emergency shelter for victims of geological disaster

指为避免地质灾害灾(险)情影响而事先划分的具有保障基本生活功能和基本设施的场地。一般具有应急避难指挥中心、独立供电系统、应急直升机停机坪、应急消防设施、应急避难疏散区、应急供水系统等应急避险设施。

8.3.6

地质灾害应急指挥系统 commanding system for geohazard emergency

为地质灾害防治提供险情管理、辅助进行险情鉴定、险情处置的决策支持系统。

8.3.7

地质灾害应急通信 communication for geohazard emergency

指为保障地质灾害的日常应急管理工作,并为应急响应行动提供支持,充分利用现代通信手段,把有线电话、卫星电话、移动手机、无线电台及互联网等有机结合起来,建立起有线与无线相结合、基础电信网络与机动通信系统相配套的应急通信系统。

8.3.8

地质灾害应急平台 platform for geohazard emergency management

指能够为突发地质灾害的应急决策指挥提供支持,起到信息接收、报送、分发的中心枢纽和应急技术会商的基本基地等作用的计算机软硬件操作环境。是应急技术装备的主要组成方面,包括应急基础平台、应用系统和上下左右的互联互通体系等。

8.3.9

地质灾害应急基础平台 basic platform of geohazard emergency

指由计算机软硬件相结合,基于信息技术、信息系统和地质灾害应急信息资源等多网整合的应急保障技术系统。

8.3.10

地质灾害应急网络体系 network system for geohazard emergency

指利用通信设备和线路,将地质灾害预警预报中心、应急处置中心、专业监测中心和各地区行政部门应急管理机构、突发地质灾害现场指挥部等的计算机系统互联起来,以功能完善的网络软件实现网络资源共享和信息传递的系统。

8.3.11

地质灾害远程视频会商系统 remote video consultation system for geohazard

各级应急指挥中心与突发地质灾害现场,通过传输线路及多媒体设备,将声音、影像及文件资料互相传送,实现即时互动沟通商议的网络体系。

8.3.12

地质灾害应急信息系统 information system of geohazard emergency

指服务于地质灾害应急管理,充分整合现有的地质环境与地质灾害信息,形成的可持续利用并能够升级换代的信息共享平台。

8.3.13

地质灾害应急平台应用系统 application system platform of geohazard emergency

指基于地质灾害应急基础平台开发的集信息查询、浏览、发布、决策支持等功能于一体的综合应用系统,包括应急值守管理系统、数据处理及发布系统、应急资源管理系统、模型分析、数据维护更新等。

8.3.14

地质灾害应急处置 emergency treatment of geological hazards

指为应对突发地质灾害灾(险)情所采取的应急调查和防灾减灾等行动,是整个应急响应工作的中心环节和主要技术工作阶段,一般可分为险情应急处置和灾情应急处置两类。

8.3.15

应急灾情评估 geohazard emergency assessment

指根据地质灾害应急调查和监测情况,对灾(险)情基本特征、成因及发展破坏趋势等进行评价和分析的过程。

8.3.16

地质灾害应急调查 geohazard emergency survey

是针对突发性地质灾害或险情而采取的快速获取地质灾害体及危害特征信息、进行应急灾情评估并提出应急处置措施的过程。

8.3.17

地质灾害应急调查报告 geohazard emergency survey report

指地质灾害应急调查结束后,以书面形式向应急指挥组织和相关领导汇报调查情况的一种文书。一般包括地质灾害灾(险)情基本特征、成因、变化趋势、危险性评估、防治对策建议及应急处置措置等内容。

8.3.18

地质灾害应急监测 geohazard emergency monitoring

指在地质灾害灾(险)情发现或发生时的应急状态下,对影响灾害体变形、发展及破坏的各因素进行观察和测量的活动,包括地面巡查和专业监测。专业监测以便于快速安装、数据自动采集与传输为优先原则。

8.3.19

应急响应技术会商 technological consultation of emergency response

指行政管理部门会同技术支撑等单位，一起分析研究灾（险）情的特征，提出应急处置建议，以及形成会商意见的过程。通常有现场技术会商和远程技术会商两种形式。

8.3.20

应急抢险工程治理 geodisaster/geohazard emergency engineering and rescue

指对已产生明显变形并可能造成生命财产重大损失的地质灾害体，为防止其进一步变形破坏并产生危害，对其采取工程应对措施的行为。

9 工程监理

9.1

工程监理 project supervision

受建设单位委托，监理单位依据合同文件规定，对工程实施过程的质量、进度（工期）、费用和合同事宜的监督与管理。

9.2

监理单位 supervision institution

具有法人资格和国家地质灾害防治主管部门颁发的地质灾害防治工程监理资质等级证书，受建设单位委托承担地质灾害防治工程项目监理任务，并与建设单位签订了工程项目委托监理合同协议书的单位。

9.3

旁站 construction site supervision

项目监理人员对隐蔽工程开挖、钢筋制作、混凝土浇筑等重要环节的施工，进行全过程的监督活动。

9.4

验槽 foundation inspection

由工程参建各方联合对抗滑桩桩孔、挡土墙基槽等开挖工程的岩土层性质、开挖深度、截面尺寸及其他工程现象进行检验及质量评价的工作。

9.5

见证取样 sampling witness

项目监理机构对施工单位进行的涉及防治工程安全的主体结构的试块、试件及工程材料现场取样、封样、送检工作的监督活动。

9.6

工程变更 engineering change

包括勘查变更、设计变更和施工变更，工程实施过程中因勘查条件、设计条件、施工现场条件、设计方案、施工方案发生变化等原因，所作出的对勘查文件、设计文件或施工状态的修改和调整。

10 工程概预算

10.1

工程费用 project cost

用于地质灾害防治工程勘查、设计、施工、检测、监理等费用的总称，由建筑工程安装费、临时工程费与独立费等组成。

10.2

地质灾害勘查费 geological hazard investigation charge

指勘查人根据发包人的委托,收集已有资料、现场踏勘、制订勘查纲要,进行测绘、勘探、取样、试验、检测、监测等勘查作业,以及编制工程勘查文件等收取的费用。

10.3

地质灾害勘查收费基准价 benchmark price of geohazard investigation

勘查收费标准计算出的工程勘查基准收费额,包括工程勘查实物工作收费和工程勘查技术工作收费,发包人和勘查人可以根据实际情况在规定的浮动幅度内协商确定工程勘查收费合同额。

10.4

地质灾害勘查附加调整系数 adjustment coefficient of geohazard investigation

根据工程勘查项目的自然条件、作业内容和复杂程度差异,对地质灾害勘查收费项目基准价进行调整的系数。

10.5

地质灾害防治工程设计收费 design charge of geohazard prevention works

设计人根据发包人的委托,提供编制地质灾害防治项目可行性方案论证文件、初步设计文件、施工图设计文件、概预算文件等服务所收取的费用。

10.6

地质灾害防治工程设计收费基准价 benchmark price for design of geohazard prevention works

工程设计收费标准计算出的工程设计基准收费额,发包人和设计人根据实际情况,在规定的浮动幅度内协商确定工程设计收费合同额。

10.7

地质灾害防治基本设计收费 basic design charge of geohazard prevention works

工程设计中编制地质灾害防治工程可行性方案论证文件、初步设计文件、施工图设计文件收取的费用,并相应提供设计技术交底、解决施工中的设计技术问题、参加竣工验收等服务。

11 工程管理

11.1

基本建设程序 capital construction procedure

地质灾害防治工程从建议规划、决策立项、勘查评价、设计、施工到竣工验收、工程移交的整个建设过程中的各项工作开展先后顺序的规定,它反映工程建设各个阶段之间的内在联系和相互关系。

11.2

项目建议书 project proposal

地质灾害防治立项和编制可行性研究报告之前,报送上级部门审批的建议性文件。

11.3

决策阶段 decision-making stage

地质灾害防治项目在立项之前,对项目的经济效益和社会效益进行综合考虑,从多个评价目标上予以分析,经过多方案的对比,择优去劣,权衡得失利弊,作出正确判断,确定是否治理的阶段。

11.4
勘查工作阶段　site investigation stage

在开展防治工程设计之前,需对地质灾害状况和形成发展条件进行调查了解,获得地质灾害的稳定状态、危害性及防治工程的必要性的认识,取得必要的岩土物理力学参数,开展这些工作所对应的阶段为勘查工作阶段,简称勘查阶段。

11.5
工程设计阶段　design stage

根据地质灾害防治工程的要求,对工程所需的技术、经济、资源、环境等条件进行综合分析和论证,编制防治工程设计文件活动的阶段。

11.6
施工阶段　construction stage

根据地质灾害防治项目设计文件进行施工,并完成工程项目的阶段。

11.7
竣工验收阶段　final acceptance stage

项目完工后,建设单位会同设计、施工及监理部门,对项目是否符合设计要求以及施工质量进行全面检验,取得竣工合格资料、数据和凭证的程序。

11.8
工程招标　project invitation for bid, calling for tenders of project

建设单位对拟修建的地质灾害防治工程项目通过法定的程序和方式吸引建设项目的承包单位参与竞争,并从中选择条件优越者来完成工程建设任务的法律行为。

11.9
原位检测　in-situ inspection

采用标准的检验方法,在现场对建(构)筑中选样进行非破损或微破损检测,以判定工程质量的检测。

11.10
结构性能检测　inspection of structural performance

针对结构构件的承载力、挠度、裂缝控制性能等各项指标所进行的检验。

11.11
进场验收　site acceptance

指对进入施工现场的材料、构配件、设备等按相关标准规定要求进行检验,对产品达到合格与否做出确认。

11.12
拉拔试验　pull-out test

用来确定预应力锚索的极限锚固力及内锚固段的长度的现场试验。拉拔试验可分为 7 d、14 d、28 d 三种情况进行,水灰比按 0.38~0.45 调配。

11.13
预应力锚索锚固试验　anchorage test of prestressed cable

在现场观察锚索在边坡岩土体中受力的过程,获得锚索的最大拉拔力,并以此来确定边坡锚索设计长度(锚固段长度及自由段长度)的试验。

11.14
桩完整性试验 integrity test of piles

检测混凝土桩是否存在断裂、夹泥、缩颈、蜂窝及孔洞等质量缺陷的试验。检测试验有静载试验、动力检测试验、超声波检测及钻孔抽芯检测等。

11.15
动力检测 dynamic test of piles

现场检测桩身结构完整性,推断单桩承载力的一种方法。在桩顶施加瞬时冲击力或稳态激振力,桩土系统在动态力的作用下产生动态响应,采用不同功能的传感器在桩顶量测动态响应信号,如位移、速度、加速度等,通过对信号的时域分析、频域分析或传递函数分析,判断桩身结构完整性,推断单桩承载力。分为低应变检测和高应变检测。

11.16
低应变法 low-strain integrity testing

采用低能量瞬态或稳态方式在桩顶激振,实测桩顶部的速度时程曲线,或同时实测桩顶部的力时程曲线。通过波动理论的时域分析或频域分析,对桩身完整性进行判定的检测方法。

11.17
高应变法 high-strain dynamic testing

用重锤冲击桩顶,实测桩顶部的速度和力时程曲线,通过波动理论分析,对单桩竖向抗压承载力和桩身完整性进行判定的检测方法。

11.18
混凝土桩超声波检测 ultrasonic testing of concrete piles

在混凝土桩内预埋若干根平行于桩纵轴的声测管道,将超声探头通过声测管直接伸入桩身混凝土内部进行逐段探测,根据超声脉冲穿越被测混凝土时传播时间、传播速度及能量变化反映缺陷的存在,并估算混凝土的抗压强度和质量均匀性。

11.19
工程质量评定 project quality evaluation

依据工程检验和检测结果,对工程质量进行评分并确定其等级的活动。

11.20
竣工验收 completion acceptance

建设工程项目竣工后,建设单位会同勘查、设计、施工、监理等部门,对该项目是否符合规划设计要求以及建筑施工质量进行全面检验,取得竣工合格资料、数据和凭证的过程。

12 信息化建设

12.1
地质灾害防治标准编码体系 standard encoding system of geohazard prevention and control

地质灾害防治各类标准信息代码的集合。

12.2
地质灾害信息管理系统 geohazard information management system

支持多源异构地质灾害信息数据,包括基础地质、水文地质、工程地质、灾害地质等空间数据及属性数据的采集、存储、管理、处理、提取、传输、交叉访问与分析应用的专题信息系统。

12.3
地质灾害调查信息系统　geohazard investigation information system

对崩塌、滑坡、泥石流、地面塌陷、地裂缝、塌岸、地面沉降等各类地质灾害调查数据进行采集、存储、处理、维护，并提供信息查询及统计分析功能的计算机应用系统。

12.4
地质灾害勘察数据采集与图形编绘系统
data collection and graphic drawing system for geohazard investigation

用于地质灾害勘察工作中的测量（综合地质测量、工程测量）、山地工程编录、钻孔岩芯编录、采样分析试验、物探工作、勘察成果等数据采集、存储、维护、查询及统计分析的计算机应用系统。

12.5
地质灾害防治工程信息管理系统　information management system for geohazard prevention

关于地质灾害治理工程设计、施工、监理、竣工验收数据采集、处理、存储、管理、检索查询及统计分析的计算机应用系统。

12.6
地质灾害防治管理信息系统　information system for geohazard prevention management

在网络环境下将地质灾害办公管理与业务管理工作流进行融合构建的服务于地质灾害防治管理及无纸化办公的信息管理与服务系统。

12.7
地质灾害危险性区划及风险性评价系统　geohazard zoning and risk assessment system

辅助进行地质灾害危险性区划及风险性评价的计算机应用系统。

12.8
地质灾害预测预报系统　geohazard forecasting system

根据地质灾害预测预报模型，对地质灾害的变化趋势及地质灾害失稳体可能造成的灾害进行预评估的计算机应用系统。

12.9
地质灾害气象预警系统　geohazard meteorological early-warning system

将气象信息与地质灾害信息进行综合分析，获得地质灾害危险性区划并进行发布的计算机应用系统。

12.10
地质灾害预警决策支持与应急指挥系统
geohazard early-warning decision support and emergency command system

为地质灾害防治提供险情管理、辅助进行险情鉴定、险情处置的决策支持系统。

12.11
地质灾害预警系统　geohazard early-warning system

集地质灾害监测数据采集与传输、地质灾害危险性分析、地质灾害险情信息发布功能于一体的计算机应用系统。

中文索引

A

α卡法	7.1.59
安全开采深度	3.5.40
安全系数	5.1.3
暗沟	6.2.11

B

坝身排水管	6.5.22
坝身排水孔	6.5.23
板桩式挡土墙	6.4.8
半重力式挡土墙	6.4.4
保护层	6.3.15
暴雨重现期	2.2.6
爆破参数	6.3.14
背斜	2.5.3
被动柔性防护网	6.7.5
崩滑碎屑流	3.4.14
崩解性	2.8.16
崩塌	3.2.1
崩塌堆积体	3.2.5
崩塌分类	3.2.7
崩塌规模	3.2.11
崩塌规模等级	3.2.12
崩塌气浪	3.2.14
崩塌前兆	3.2.13
崩塌型塌岸	3.8.4
边沟	6.2.4
边界角	3.5.27
变形监测	7.1.4
变形模量	2.8.48
变形体	3.3.47
变质岩	2.4.3
标准贯入试验	4.2.46
冰雪融水型泥石流	3.4.10
泊松比	2.8.49

补给区	2.7.19
不固结不排水三轴试验	4.2.48
布里渊光时域反射技术（BOTDR）	7.1.67
布里渊光时域分析技术（BOTDA）	7.1.68

C

采动系数	3.5.30
采空区	3.5.15
采空区塌陷	3.5.17
残余强度	2.8.41
测缝法	7.1.50
层流	3.4.30
差异性地面沉降	3.7.2
超前支护	6.4.77
超挖	6.3.17
超越概率	2.6.23
超张拉力	6.6.25
沉积岩	2.4.2
沉砂池	6.5.18
衬砌	6.4.67
承压水	2.7.8
承灾体	3.1.4
赤平投影图解分析法	5.1.7
充分采动	3.5.23
充分下沉值	3.5.37
充填	6.3.27
充填开采	3.5.39
充填注浆	6.6.36
抽水试验	2.7.31
抽水塌陷	3.5.11
稠度	2.8.9
初步设计	6.1.4
初期支护	6.4.65
垂直孔群	6.2.15
次固结沉降	3.7.10
次声监测预警仪	7.1.90
脆性	2.8.51

D

达西定律	2.7.30

大地形变测量法	7.1.38
大型直剪试验	4.2.37
大重度试验	4.2.38
单体地质灾害实时预测模型	7.2.21
单位工程	6.1.17
单项工程	6.1.16
单轴抗压强度	2.8.37
弹性变形	2.8.45
弹性模量	2.8.47
挡土板	6.4.45
挡土墙	6.4.1
导流堤	6.5.14
导沙槽	6.5.19
倒石堆	3.2.6
低应变法	11.16
地表绝对位移	7.1.5
地表临界变形值	3.5.34
地表排水工程	6.2.1
地表倾斜变形	3.5.33
地表倾斜监测法	7.1.49
地表水动态监测	7.1.14
地表水平移动值	3.5.32
地表位移GPS测量法	7.1.43
地表下沉值	3.5.31
地表相对位移	7.1.6
地表移动	3.5.21
地表移动盆地	3.5.22
地基系数	6.4.58
地裂缝	3.6.1
地裂缝产状	3.6.12
地裂缝地表形变效应	3.6.6
地裂缝地震动效应	3.6.7
地裂缝活动速率	3.6.14
地裂缝活动性	3.6.13
地裂缝平面形态	3.6.10
地裂缝破碎带	3.6.9
地裂缝剖面形态	3.6.11
地裂缝影响带	3.6.8
地貌	2.3.1
地貌单元	2.3.4

地貌类型	2.3.3
地面沉降	3.7.1
地面沉降量	3.7.3
地面沉降漏斗	3.7.7
地面沉降速率	3.7.4
地面沉降压缩层	3.7.12
地面沉降中心	3.7.8
地面沉降中心速率	3.7.6
地面破坏效应	2.6.14
地面倾斜	7.1.7
地面塌陷	3.5.1
地面巡查法	7.1.28
地球物理勘探	4.2.12
地声监测	7.1.18
地声监测预警仪	7.1.91
地下排水工程	6.2.9
地下水	2.7.1
地下水补给条件	2.7.16
地下水动态监测	7.1.13
地下水赋存条件	2.7.15
地下水类型	2.7.4
地下水人工回灌	3.7.11
地下水位	2.7.2
地形	2.3.2
地应力测试	4.2.40
地震	2.6.1
地震波	2.6.6
地震地裂缝	3.6.5
地震地质	2.6.7
地震动参数	2.6.17
地震动峰值加速度	2.6.18
地震活动断层	2.6.10
地震监测	7.1.26
地震勘探	4.2.14
地震烈度	2.6.5
地震系数	2.6.21
地震效应	2.6.13
地震灾害	3.8.15
地质构造	2.5.1
地质环境	2.1.1

地质环境条件	2.1.2
地质环境条件复杂等级	5.3.4
地质踏勘	4.1.2
地质灾害	3.1.1
地质灾害测绘	4.1.6
地质灾害短期预报	7.2.24
地质灾害发育程度	5.3.6
地质灾害防治	6.1.1
地质灾害防治标准编码体系	12.1
地质灾害防治工程设计收费	10.5
地质灾害防治工程设计收费基准价	10.6
地质灾害防治工程信息管理系统	12.5
地质灾害防治管理信息系统	12.6
地质灾害防治基本设计收费	10.7
地质灾害防治区划图	5.4.21
地质灾害分类	3.1.3
地质灾害分区评估	5.3.13
地质灾害风险	5.4.7
地质灾害风险评价模型	5.4.14
地质灾害风险评价指标体系	5.4.13
地质灾害风险区划图	5.4.20
地质灾害活动频率	5.3.9
地质灾害活动速率	5.3.10
地质灾害监测	7.1.1
地质灾害勘查	4.2.1
地质灾害勘查费	10.2
地质灾害勘查附加调整系数	10.4
地质灾害勘查收费基准价	10.3
地质灾害勘察数据采集与图形编绘系统	12.4
地质灾害勘探	4.2.3
地质灾害空间预测	7.2.6
地质灾害临灾预报	7.2.25
地质灾害气象风险预警	7.2.4
地质灾害气象风险预警级别	7.2.5
地质灾害气象预警系统	12.9
地质灾害群测群防	7.1.34
地质灾害速报制度	8.1.10
地质灾害调查	4.1.3
地质灾害调查比例尺	4.1.7
地质灾害调查精度	4.1.8

地质灾害调查信息系统	12.3
地质灾害危害程度	5.3.7
地质灾害危险区	5.3.12
地质灾害危险性	5.3.1
地质灾害危险性分级	5.3.5
地质灾害危险性分区	5.3.11
地质灾害危险性评估	5.3.2
地质灾害危险性评估等级	5.3.8
地质灾害危险性区划及风险性评价系统	12.7
地质灾害危险性现状评估	5.3.14
地质灾害危险性预测评估	5.3.15
地质灾害危险性综合评估	5.3.16
地质灾害险情等级	3.1.6
地质灾害信息管理系统	12.2
地质灾害遥感解译图	4.1.11
地质灾害遥感调查	4.1.5
地质灾害易发程度分区图	5.4.4
地质灾害易发区	5.4.3
地质灾害易发性	5.4.1
地质灾害易发性评价	5.4.2
地质灾害应急	8.1.1
地质灾害应急避难场所	8.3.5
地质灾害应急避险	8.3.4
地质灾害应急处置	8.3.14
地质灾害应急法制	8.1.9
地质灾害应急管理	8.1.3
地质灾害应急管理体制	8.1.4
地质灾害应急基础平台	8.3.9
地质灾害应急监测	8.3.18
地质灾害应急能力建设	8.1.6
地质灾害应急平台	8.3.8
地质灾害应急平台应用系统	8.3.13
地质灾害应急体系	8.1.5
地质灾害应急调查	8.3.16
地质灾害应急调查报告	8.3.17
地质灾害应急通信	8.3.7
地质灾害应急网络体系	8.3.10
地质灾害应急响应	8.2.3
地质灾害应急信息系统	8.3.12
地质灾害应急运行机制	8.1.7

地质灾害应急值守	8.2.9
地质灾害应急指挥系统	8.3.6
地质灾害应急装备	8.3.2
地质灾害应急资料	8.3.3
地质灾害预报	7.2.2
地质灾害预测	7.2.1
地质灾害预测预报系统	12.8
地质灾害预警	7.2.3
地质灾害预警决策支持与应急指挥系统	12.10
地质灾害预警系统	12.11
地质灾害远程视频会商系统	8.3.11
地质灾害灾(险)情信息发布	8.2.4
地质灾害灾情	5.2.1
地质灾害灾情等级	3.1.5
地质灾害灾情评估	5.2.2
地质灾害长期预测	7.2.22
地质灾害治理工程	6.1.2
地质灾害中期预测	7.2.23
点荷载试验	4.2.39
电法勘探	4.2.13
电阻应变仪	7.1.87
跌水	6.2.8
氡气测量	7.1.58
动力触探试验	4.2.45
动力分析法	5.1.10
动力检测	11.15
动力系数	2.6.20
动态监测	7.1.12
动态设计	6.1.6
动压充填	6.3.30
冻融灾害	3.8.22
渡槽	6.5.21
断层	2.5.6
断裂	2.5.5
堆石	6.3.24
墩(台)座支承轻型拦砂坝	6.5.4
多场监测	7.1.9

E

二次衬砌	6.4.68

二次高压注浆	6.6.18

F

发震构造	2.6.11
反复直接剪切试验	4.2.36
反滤层	6.2.19
反滤堆囊	6.4.27
反演分析	5.1.14
方案比选	6.1.9
防治效果监测	7.1.3
放坡	6.3.4
放射性元素监测	7.1.19
放射状裂缝	3.3.18
非充分采动	3.5.24
非构造地裂缝	3.6.4
非确定性预测模型	7.2.13
非线性模型	7.2.17
分部工程	6.1.18
分层标	7.1.53
分水岭	2.3.10
分项工程	6.1.19
风险处置	5.4.17
风险估算	5.4.10
风险管理	5.4.19
风险控制	5.4.18
风险评估	5.4.11
峰值强度	2.8.40
缝隙坝	6.5.10
扶臂式挡墙	6.4.9
俯斜式挡墙	6.4.10
复合式衬砌	6.4.69

G

概率分析法	5.1.11
干砌法支撑	6.4.74
刚体极限平衡法	5.1.8
钢管桩	6.4.35
钢筋计	7.1.85
高速远程滑坡	3.3.33
高位泥石流	3.4.6

高应变法	11.17
格宾石笼坝	6.5.7
格构护坡	6.7.7
格栅坝	6.5.6
隔水层	2.7.13
个体风险	5.4.8
工程变更	9.6
工程地质测绘	4.1.1
工程地质类比法	5.1.6
工程地质剖面图	4.1.14
工程地质试验	4.2.25
工程地质条件	2.1.3
工程地质图	4.1.13
工程费用	10.1
工程滑坡	3.3.32
工程监理	9.1
工程设计阶段	11.5
工程招标	11.8
工程质量评定	11.19
共轭节理	2.5.17
勾缝	6.4.23
沟谷型泥石流	3.4.5
构造地裂缝	3.6.3
古岩溶塌陷	3.5.7
谷坊坝	6.5.2
固定支架	6.4.73
固结不排水三轴试验	4.2.49
固结沉降	3.7.9
固结排水三轴试验	4.2.50
固结试验	4.2.51
固结直接快剪	4.2.54
固结注浆	6.6.35
管涌	3.8.7
光面爆破	6.3.11
光纤布拉格光栅传感器	7.1.66
光纤传感器	7.1.65

H

海岸侵蚀	3.8.12
海岸淤进	3.8.11

词条	编号
海啸	3.8.13
含水层	2.7.12
含水率	2.8.4
含水率试验	4.2.28
夯实	6.3.33
合成孔径雷达干涉测量法（InSAR）	7.1.46
合理桩间距	6.4.42
河流阶地	2.3.11
荷载分散型锚索	6.6.15
核磁共振技术	7.1.70
横张裂缝	3.3.20
衡重式挡墙	6.4.5
宏观现象监测	7.1.20
后缘裂缝	3.3.15
护岸堤	6.5.16
护壁	6.4.48
护坡工程	6.7.1
滑动带	3.3.6
滑动面	3.3.5
滑坡	3.3.1
滑坡侧壁	3.3.12
滑坡侧缘	3.3.11
滑坡床	3.3.4
滑坡动力学	3.3.41
滑坡发育阶段	3.3.39
滑坡分类	3.3.25
滑坡复活	3.3.42
滑坡鼓丘	3.3.19
滑坡规模	3.3.35
滑坡规模等级	3.3.38
滑坡后壁	3.3.10
滑坡后缘	3.3.9
滑坡裂隙	3.3.21
滑坡平台	3.3.16
滑坡气垫效应	3.3.46
滑坡气浪	3.3.45
滑坡前缘	3.3.13
滑坡前兆	3.3.43
滑坡泉	3.3.23
滑坡群	3.3.34

滑坡舌	3.3.14
滑坡台阶	3.3.17
滑坡体	3.3.3
滑坡推力	6.4.51
滑坡推力曲线	6.4.52
滑坡形成机理	3.3.40
滑坡要素	3.3.2
滑坡涌浪	3.3.44
滑坡周界	3.3.8
滑坡轴	3.3.7
滑体厚度	3.3.36
滑体厚度分类	3.3.37
滑移式崩塌	3.2.8
滑移型塌岸	3.8.5
环剪试验	4.2.52
换填垫层	6.3.22
黄土梁	2.3.18
黄土峁	2.3.19
黄土湿陷	3.8.17
黄土塬	2.3.17
灰色模型	7.2.16
回填压脚	6.3.20
汇流历时	6.2.24
汇水面积	6.2.20
混凝土支护墙	6.4.78
混凝土支护桩	6.4.79
混凝土桩超声波检测	11.18
活动断层	2.6.9
火山喷发	3.8.14

J

击实试验	4.2.56
基本建设程序	11.1
基础垫层	6.3.21
基岩标	7.1.52
基准点	7.1.40
激光扫描法	7.1.44
激光微小位移测量法	7.1.42
极端降水	2.2.8
急流槽	6.5.12

集流槽	6.2.6
集水井	6.2.18
加筋土挡墙	6.4.13
监测预警	7.2.26
监理单位	9.2
剪出口	3.3.22
剪节理	2.5.13
简易监测	7.1.29
见证取样	9.5
浆砌法支撑	6.4.75
降水量	2.2.3
降雨历时	6.2.25
降雨历时转换系数	6.2.27
降雨量阈值	7.2.9
降雨量监测	7.1.24
降雨强度	2.2.4
降雨强度等级	2.2.5
降雨强度判据	7.2.8
降雨型泥石流	3.4.9
接触冲刷	3.8.9
接触流土	3.8.10
节理	2.5.11
结构面法向刚度	2.8.42
结构面剪切刚度	2.8.43
结构性能检测	11.10
结构重要系数	6.4.62
截面受压区高度	6.4.43
截水沟	6.2.2
进场验收	11.11
近景摄影测量法	7.1.41
浸润线	2.7.3
井下电视	4.2.15
径流	2.2.11
径流模数	2.2.12
径流区	2.7.20
径流系数	6.2.21
静力触探试验	4.2.43
静态应变仪	7.1.88
静压充填	6.3.29
决策阶段	11.3

均质滑坡	3.3.26
竣工图	6.1.24
竣工验收	11.20
竣工验收阶段	11.7

K

K 法	6.4.60
开采沉陷	3.5.18
开挖强度	6.3.16
勘查工程阶段	11.4
勘查阶段	4.2.2
勘探点	4.2.16
勘探剖面	4.2.19
勘探网	4.2.18
勘探线	4.2.17
抗滑挡土墙	6.4.2
抗滑片石垛	6.4.17
抗滑稳定性	6.4.18
抗滑支挡工程	6.4.28
抗滑桩	6.4.29
抗滑桩间距	6.4.40
抗滑桩净间距	6.4.41
抗滑桩配筋	6.4.61
抗滑桩嵌固端	6.4.50
抗滑桩嵌固长度	6.4.49
抗剪刚度	6.4.38
抗剪强度	2.8.39
抗拉强度	2.8.35
抗倾覆稳定性	6.4.19
抗弯刚度	6.4.37
抗压强度	2.8.36
抗震设防烈度	2.6.22
可行性方案论证	6.1.3
可启动物源	3.4.23
可塑性	2.8.10
坑硐展示图	4.2.24
空箱式挡土墙	6.4.7
孔隙比	2.8.5
孔隙度	2.8.6
孔隙水	2.7.5

孔隙水压计	7.1.82
孔隙水压力测量	7.1.63
孔隙水压力监测	7.1.17
孔压静力触探试验	4.2.44
控制点	7.1.39
枯水期	2.2.14
库岸再造	3.8.2
库水位波动	2.2.17
快剪试验	4.2.53
矿山沉陷区	3.5.19
矿山压力	3.5.16
矿震	3.8.21
溃决型泥石流	3.4.11
扩挖	6.3.19

L

LiDAR 测量	7.1.54
拉拔试验	11.12
拉力型锚索	6.6.14
拦砂坝	6.5.1
老岩溶塌陷	3.5.8
离层注浆充填	6.3.31
联动协调机制	8.1.8
联系梁	6.4.46
裂缝计	7.1.73
裂缝角	3.5.28
裂隙水	2.7.6
临时支护	6.4.76
流变性	2.8.53
流量计	7.1.80
流速测量	7.1.64
流土	3.8.8
落石	3.2.2

M

m 法	6.4.59
埋钉法	7.1.31
埋桩法	7.1.30
慢剪试验	4.2.55

锚定板挡土墙	6.4.15
锚定板墙	6.4.64
锚杆	6.6.2
锚杆式挡土墙	6.4.14
锚固	6.6.1
锚固二次注浆	6.6.17
锚固固结注浆	6.6.19
锚固基本试验	6.6.20
锚固力设计荷载	6.6.23
锚固蠕变试验	6.6.22
锚固验收试验	6.6.21
锚固一次注浆	6.6.16
锚具	6.6.11
锚喷支护	6.4.66
锚索	6.6.3
锚索测力计	7.1.86
锚索抗滑桩	6.4.31
锚索锚固段	6.6.10
锚索自由段	6.6.9
煤与瓦斯突出	3.8.20
密实度	2.8.7
模糊综合评判法	7.2.19

N

挠度	6.4.39
内部稳定性分析	6.4.22
内聚力	2.8.24
内摩擦角	2.8.25
内缩量	6.6.27
泥流	3.4.2
泥石流	3.4.1
泥石流冲击力	3.4.32
泥石流渡槽	6.5.20
泥石流堆积区	3.4.20
泥石流堆积扇	3.4.26
泥石流分区	3.4.17
泥石流沟床比降	3.4.16
泥石流规模	3.4.24
泥石流活动频率	3.4.25
泥石流流速监测	7.1.16

泥石流流通区	3.4.19
泥石流龙头	3.4.27
泥石流黏性系数	3.4.33
泥石流形成区	3.4.18
泥石流物源	3.4.22
泥石流主沟长度	3.4.15
泥位	3.4.28
泥位计	7.1.77
泥位监测	7.1.15
拟静力分析法	5.1.9
逆断层	2.5.8
逆向坡	2.3.6
逆作法施工	6.1.22
年超越概率	5.4.16
黏性	2.8.50
黏性泥石流	3.4.8
碾压	6.3.32

P

排导槽	6.5.11
排水沟	6.2.3
排水管	6.2.7
排水孔	6.2.14
排水廊道	6.2.17
排水盲沟	6.2.12
排水塌陷	3.5.10
排泄区	2.7.21
旁站	9.3
抛石	6.3.26
抛石护坡	6.7.3
喷锚护坡	6.7.4
膨胀率	2.8.21
劈理	2.5.18
平硐	4.2.9
平移断层	2.5.9
坡度	2.3.9
坡率法	6.3.5
坡面型泥石流	3.4.4
坡形	2.3.8

Q

期望损失	5.4.12
气候	2.2.2
气象	2.2.1
气象监测	7.1.23
砌石	6.3.25
砌筑砂浆	6.4.25
牵引式滑坡	3.3.29
前趾	6.4.20
潜水	2.7.9
浅井	4.2.7
浅孔爆破	6.3.9
欠挖	6.3.18
强降雨	2.2.7
切层滑坡	3.3.28
侵蚀型塌岸	3.8.3
倾倒式崩塌	3.2.9
倾斜仪	7.1.75
倾斜仪棒法	7.1.60
清水汇流区	3.4.21
区域地面沉降速率	3.7.5
区域空间预测模型	7.2.20
全站仪	7.1.71
确定性预测模型	7.2.12
群锚效应	6.6.31
群桩效应	6.4.44

R

扰动样	4.2.21
人工挖孔桩	6.4.33
人工挖土方	6.3.8
人类工程活动监测	7.1.27
韧性	2.8.52
溶洞	2.3.14
柔性位移计	7.1.78
蠕变	2.8.54
软化系数	2.8.44
软弱结构面	2.5.16

S

三维激光扫描测量技术	7.1.69
三维激光扫描仪	7.1.92
三轴剪切实验	4.2.47
三轴抗压强度	2.8.38
砂浆抹面	6.4.24
砂土液化	2.6.16
山崩	3.2.3
山地工程	4.2.6
上层滞水	2.7.10
上漆法	7.1.32
设计变更	6.1.25
设计工况	6.1.7
设计荷载	6.1.8
设计汇流量	6.2.29
设计降雨强度	6.2.28
设计降雨重现期	6.2.23
设计交底	6.1.15
设计径流量	6.2.22
设计张拉力	6.6.24
社会风险	5.4.9
伸缩缝	6.4.26
伸缩计法	7.1.48
深部位移	7.1.8
深孔爆破	6.3.10
渗沟	6.2.10
渗流	2.7.24
渗流场	2.7.25
渗流速度	2.7.26
渗水隧洞	6.2.16
渗透	2.7.23
渗透变形	3.8.6
渗透系数	2.7.29
渗透压力	2.7.28
生态护坡	6.7.2
生物生长模型	7.2.15
声波测试	4.2.41
声发射监测	7.1.56
声发射仪	7.1.89

施工安全监测	7.1.2
施工阶段	11.6
施工平面布置图	6.1.14
施工图设计	6.1.5
施工图设计说明	6.1.11
施工图设计图件	6.1.12
施工图设计文件	6.1.10
施工组织设计	6.1.13
湿陷系数	2.8.23
湿陷性	2.8.17
十字板剪切试验	4.2.42
实际材料图	4.1.10
实时预报信息发布	7.2.27
示踪法	7.1.62
试坑	4.2.10
试坑注水试验	2.7.34
收敛计	7.1.93
收缩率	2.8.22
梳齿坝	6.5.9
树根桩	6.4.32
竖井	4.2.8
数值模拟	5.1.13
水库防洪限制水位	2.2.16
水库正常蓄水位	2.2.15
水力充填	6.3.28
水力类泥石流	3.4.13
水力坡度	2.7.27
水平移动系数	3.5.36
水石流	3.4.3
水头损失	2.7.22
水土流失	3.8.16
水位计	7.1.76
水文	2.2.9
水文地质单元	2.7.17
水文地质分区	2.7.18
水文地质条件	2.1.4
水文要素	2.2.10
水下爆破	6.3.12
水准测量法	7.1.37
顺层断层	2.5.10

顺层滑坡	3.3.27
顺向坡	2.3.5
松弛	2.8.55
塑限	2.8.12
塑性变形	2.8.46
塑性指数	2.8.13
锁定荷载	6.6.26
锁口	6.4.47

T

塌岸	3.8.1
塌陷规模	3.5.4
塌陷坑	3.5.3
塌陷区	3.5.29
探槽	4.2.11
填方	6.3.23
填图单位	4.1.9
跳挖	6.1.23
贴片法	7.1.33
停淤场	6.5.15
透水层	2.7.14
透水性	2.7.11
突发地质灾害应急预案	8.2.1
突水	3.8.19
土钉	6.6.12
土钉式挡土墙	6.4.16
土力类泥石流	3.4.12
土粒比重	2.8.1
土密度	2.8.2
土壤水分速测仪	7.1.81
土石方开挖	6.3.6
土石混合坝	6.5.5
土重度	2.8.3
推移式滑坡	3.3.30

V

V 型槽	6.5.13

W

挖方	6.3.7

外部稳定性分析	6.4.21
外锚墩	6.6.30
弯道超高	3.4.29
危险性分析	5.3.3
危岩体	3.2.4
微震监测	7.1.57
位移计	7.1.72
紊流	3.4.31
稳定性分析方法	5.1.4
稳定性评价	5.1.1
稳定性系数	5.1.2
圬工重力式拦砂坝	6.5.3
无粘结锚索	6.6.8
物理模型试验	5.1.12

X

稀性泥石流	3.4.7
下沉系数	3.5.35
现场险情应急响应行动	8.2.7
现场灾情应急响应行动	8.2.8
限厚开采	3.5.38
线理	2.5.19
陷坑单体发育特征	3.5.5
陷坑群体发育特征	3.5.6
相对密度	2.8.8
向斜	2.5.4
项目建议书	11.2
消力墩	6.5.24
消能池	6.5.17
斜交坡	2.3.7
斜坡破坏效应	2.6.15
新构造运动	2.6.8
新岩溶塌陷	3.5.9
信息法施工	6.1.21
信息量法	7.2.18
星载合成孔径雷达干涉测量法	7.1.47
修坡	6.3.3
蓄水塌陷	3.5.12
悬臂式挡墙	6.4.6
悬臂式抗滑桩	6.4.30

削方减载	6.3.1
削坡	6.3.2
汛期	2.2.13

Y

压力计	7.1.84
压力型锚索	6.6.13
压实	6.3.34
压实度	6.3.35
压水试验	2.7.32
压缩模量	2.8.19
压缩系数	2.8.20
压缩性	2.8.18
岩爆	3.8.18
岩层移动	3.5.20
岩浆岩	2.4.1
岩溶	2.3.13
岩溶槽谷	2.3.16
岩溶地面塌陷	3.5.2
岩溶漏斗	2.3.15
岩溶气爆	3.5.13
岩溶水	2.7.7
岩溶水(气)压力监测	7.1.61
岩石饱水率	2.8.31
岩石饱水系数	2.8.32
岩石崩解性试验	4.2.30
岩石比重	2.8.26
岩石单轴压缩试验	4.2.32
岩石冻融试验	4.2.31
岩石含水率	2.8.29
岩石抗拉强度试验	4.2.34
岩石空隙率	2.8.33
岩石空隙指数	2.8.34
岩石密度	2.8.27
岩石膨胀性试验	4.2.29
岩石三轴压缩试验	4.2.33
岩石吸水率	2.8.30
岩石重度	2.8.28
岩体结构	2.5.15
岩体结构面	2.5.14

岩体质量指标	4.2.57
岩土试验	4.2.26
岩土体温度监测	7.1.25
岩芯采取率	4.2.22
掩护式液压支架	6.4.71
验槽	9.4
堰塞湖	3.3.24
仰斜式挡墙	6.4.11
遥感(RS)测量法	7.1.45
遥感探测	4.2.4
液限	2.8.11
液性指数	2.8.14
液压支架	6.4.70
仪器仪表监测	7.1.35
夷平面	2.3.12
移动角	3.5.26
移动盆地主断面	3.5.25
易滑地层	3.3.48
易损性	5.4.5
易损性分析	5.4.6
隐蔽工程	6.1.20
隐伏地裂缝	3.6.2
影像测量仪	7.1.83
应变监测	7.1.11
应急保障	8.3.1
应急救援	8.2.6
应急抢险工程治理	8.3.20
应急响应等级	8.1.2
应急响应技术会商	8.3.19
应急响应结束	8.2.10
应急演练	8.2.2
应急灾情评估	8.3.15
应急准备	8.2.5
应力测量法	7.1.55
应力监测	7.1.10
用地适宜性评估	5.3.17
有效降雨量	7.2.7
有效预应力	6.6.28
有粘结锚索	6.6.7
诱发因素监测	7.1.22

雨量计	7.1.79
预测指标体系	7.2.10
预警信号	7.2.28
预裂爆破	6.3.13
预应力钢绞线	6.6.6
预应力锚杆	6.6.4
预应力锚索	6.6.5
预应力锚索锚固试验	11.13
预应力损失	6.6.29
预张拉	6.6.32
预注浆	6.6.34
原位检测	11.9
原位试验	4.2.27
原状样	4.2.20

Z

灾度	5.2.3
灾度等级	5.2.4
灾害发生概率	5.4.15
灾害链	3.1.2
灾害前兆信息	7.1.21
灾后总结评估	5.2.7
灾前评估	5.2.5
灾情调查	4.1.4
灾中跟踪评估	5.2.6
斋藤模型	7.2.14
张节理	2.5.12
胀缩性	2.8.15
褶皱	2.5.2
真空吸蚀	3.5.14
震级	2.6.4
震源	2.6.2
震源机制	2.6.12
震中	2.6.3
整治构筑物	6.5.8
正断层	2.5.7
支撑	6.4.63
支撑盲沟	6.2.13
支撑渗沟	6.2.5
支撑式液压支架	6.4.72

直接剪切试验	4.2.35
直立式挡墙	6.4.12
重力式挡墙	6.4.3
重现期转换系数	6.2.26
主动柔性防护网	6.7.6
注浆	6.6.33
注浆量	6.6.38
注浆试验	6.6.39
注浆压力	6.6.37
注水试验	2.7.33
桩侧弹性抗力	6.4.54
桩侧弹性抗力系数	6.4.55
桩底支承	6.4.56
桩前滑体抗力	6.4.53
桩身内力	6.4.57
桩完整性试验	11.14
坠落式崩塌	3.2.10
卓越周期	2.6.19
自动遥测	7.1.36
自然滑坡	3.3.31
自然历史分析法	5.1.5
综合地层柱状图	4.1.12
综合预测	7.2.11
阻滑键	6.4.36
钻孔灌注桩	6.4.34
钻孔倾斜仪	7.1.74
钻孔位移计监测法	7.1.51
钻孔柱状图	4.2.23
钻探工程	4.2.5
最大干密度	6.3.37
最优含水率	6.3.36

英文索引

3D laser scanner	7.1.92
3D laser scanning measurement	7.1.69

A

acceptance test of anchoring	6.6.21
accumulation area of debris flow	3.4.20
accumulation fan of debris flow	3.4.26
accuracy of geohazard survey	4.1.8
acoustic emission instrument	7.1.89
acoustic emission monitoring	7.1.56
acoustic wave test of rock	4.2.41
activatable source to debris flow	3.4.23
active fault	2.6.9
active flexible protection net	6.7.6
activity frequency of geohazard	5.3.9
activity of ground fissure	3.6.13
activity rate of ground fissure	3.6.14
activity velocity of geohazard	5.3.10
advancing landslide	3.3.30
adit	4.2.9
adjustment coefficient of geohazard investigation	10.4
air cushion effect of landslide	3.3.46
air wave of rockfall	3.2.14
alpha card method	7.1.59
amount of land subsidence	3.7.3
analogical analysis of engineering geology	5.1.6
analytical method based on developing trends of geological conditions	5.1.5
anchor anti-slide pile	6.4.31
anchor bolt	6.6.2
anchor dynamometer	7.1.86
anchor group effect	6.6.31
anchor plate retaining wall	6.4.15
anchor rope	6.6.3
anchor slab wall	6.4.64
anchor without bond	6.6.8
anchorage	6.6.11

anchorage consolidation grouting	6.6.19
anchorage test of prestressed cable	11.13
anchored retaining wall	6.4.14
anchoring	6.6.1
anchoring section	6.6.10
ancient karst collapse	3.5.7
angle of critical deformation	3.5.26
angle of outmost crack, angle of outmost fissure	3.5.28
annual exceedance probability, AEP	5.4.16
anticline	2.5.3
anti-overturning stability	6.4.19
anti-slide pile	6.4.29
anti-slide pile spacing	6.4.40
anti-slide retaining engineering	6.4.28
anti-slide retaining wall	6.4.2
anti-slide rubble mass	6.4.17
anti-slide stability	6.4.18
application system platform of geohazard emergency	8.3.13
aqueduct, flume	6.5.21
aquifer	2.7.12
aquifuge, aquiclude, impermeable layer	2.7.13
artificial recharge of groundwater	3.7.11
as-build drawings	6.1.24
assessment during a disaster	5.2.6
attendant for geohazard emergency	8.2.9
automatic telemetry	7.1.36
avalanche	3.2.3
avalanche, fall, rockfall	3.2.1

B

back analysis	5.1.14
backfill on slope toe	6.3.20
baffle block, baffle pier	6.5.24
bank collapse	3.8.1
bank collapse due to erosion	3.8.3
barrier lake	3.3.24
basic design charge of geohazard prevention works	10.7
basic platform of geohazard emergency	8.3.9
basic test of anchoring	6.6.20
bedding fault	2.5.10

bedrock benchmark	7.1.52
benchmark price for design of geohazard prevention works	10.6
benchmark price of geohazard investigation	10.3
bending rigidity, flexural rigidity	6.4.37
biological growth model	7.2.15
blasting in water, underwater blasting	6.3.12
blasting parameters	6.3.14
blind ditch	6.2.11
blind drain	6.2.10
bonded anchor cable	6.6.7
bored pile	6.4.34
borehole columnar section, bore histogram	4.2.23
borehole extensometer	7.1.51
borehole inclinometer	7.1.74
borehole televiewer	4.2.15
boulder fall	3.2.2
boundary angle, limit angle	3.5.27
bracing	6.4.63
Brillouin optic time-domain analysis	7.1.68
Brillouin optic time-domain reflectometer	7.1.67
brittleness	2.8.51
buried ground fissure, hidden ground fissure	3.6.2
buried nail method	7.1.31
buried pile method	7.1.30

C

cantilever retaining wall	6.4.6
cantilever slide-resistant pile	6.4.30
capacity building for geohazard emergency	8.1.6
capital construction procedure	11.1
catchment area	6.2.20
caution area of geohazard, area most likely effected by geohazard	5.3.12
central zone of land subsidence	3.7.8
chamber retaining wall	6.4.7
channelized debris flow	3.4.5
check dam	6.5.2
chock hydraulic support, chock powered support	6.4.72
chute	6.5.12
class of landslide	3.3.38
class of rockfall scale	3.2.12

classification of geohazard	3.1.3
classification of landslide thickness	3.3.37
cleavage	2.5.18
climate	2.2.2
clinometer	7.1.75
clinometer rod monitoring	7.1.60
close-range photogrammetry	7.1.41
coal and gas outburst	3.8.20
coast silting-up	3.8.11
coastal erosion	3.8.12
coating method	7.1.33
coefficient of collapsibility	2.8.23
coefficient of mining influence	3.5.30
cohesion	2.8.24
collapsibility	2.8.17
collecting well	6.2.18
colluvial deposit, colluvial accumulation	3.2.5
comb dam	6.5.9
commanding system for geohazard emergency	8.3.6
communication for geohazard emergency	8.3.7
compact, compacting	6.3.34
compaction test	4.2.56
completion acceptance	11.20
complexity class of geological environmental conditions	5.3.4
composite dam	6.5.5
composite lining	6.4.69
composition of construction drawings	6.1.12
comprehensive assessment of geohazard	5.3.16
comprehensive prediction	7.2.11
compressibility	2.8.18
compressibility coefficient	2.8.20
compression modulus	2.8.19
compressive layer of land subsidence	3.7.12
compressive strength	2.8.36
conclusive assessment after a disaster	5.2.7
concrete support pile	6.4.79
concrete support wall	6.4.78
cone penetration test, CPT	4.2.43
confined water	2.7.8
conical zone of land subsidence	3.7.7

conjugated joint	2.5.17
consequent landslide, bedding landslide	3.3.27
consequent slope	2.3.5
consistency	2.8.9
consolidated undrained direct shear test	4.2.54
consolidated-drained direct shear test	4.2.55
consolidated-drained triaxial test, CD Test	4.2.50
consolidated-undrained triaxial test, CU Test	4.2.49
consolidation grouting	6.6.35
consolidation settlement	3.7.9
consolidation test	4.2.51
construction design document, working drawing design document, construction drawing paper	6.1.10
construction design explanation	6.1.15
construction document design	6.1.5
construction layout chart	6.1.14
construction organization design	6.1.13
construction safety monitoring	7.1.2
construction site supervision	9.3
construction stage	11.6
contact scour	3.8.9
contact soil flow	3.8.10
control point	7.1.39
convergence gauge	7.1.93
converting factor of rainfall duration	6.2.27
converting factor of recurrence interval	6.2.26
counterfort retaining wall	6.4.9
crackmeter	7.1.73
cracks at rear of landslide	3.3.15
creep	2.8.54
creep test of anchoring	6.6.22
critical depth of safe mining	3.5.40
critical mining, full subsidence	3.5.23
critical value of surface deformation	3.5.34
crushed-rock revetment	6.7.3
current velocity monitoring of debris flow	7.1.16

D

danger of geohazard, risk of geohazard	5.3.1
dangerous rockmass, rockmass prone to rockfall, unstable rock mass	3.2.4

Darcy's law	2.7.30
data collection and graphic drawing system for geohazard investigation	12.4
data needed for geohazard emergency	8.3.3
datum point	7.1.40
debris dam	6.5.1
debris flow	3.4.1
debris flow aqueduct	6.5.20
debris flow induced by outburst of reservoir/dammed lake/ice lake	3.4.11
debris flow on slope	3.4.4
debris flow partition	3.4.17
debris flow with little cohesive soil	3.4.3
decision-making stage	11.3
deep-hole blasting	6.3.10
deflection	6.4.39
deformation modulus	2.8.48
deformation monitoring	7.1.4
deformed slope	3.3.47
degree of compaction	6.3.35
degree of geological hazard	3.1.6
dense degree, compactness	2.8.7
design change, design alteration	6.1.25
design charge of geohazard prevention works	10.5
design conditions	6.1.7
design confluence amount	6.2.29
design load	6.1.8
design load of anchoring	6.6.23
design rainfall intensity	6.2.28
design runoff	6.2.22
design specification of construction documents	6.1.11
design stage	11.5
design tension	6.6.24
designed recurrence interval of rainfall	6.2.23
deterministic prediction model	7.2.12
developing stage of landslide	3.3.39
development characteristics of a single sinkhole	3.5.5
development characteristics of sinkhole group	3.5.6
development degree of geohazard	5.3.6
differential land subsidence	3.7.2
diluted debris flow	3.4.7
direct shear test	4.2.35

disaster chain	3.1.2
disaster degree	5.2.3
disaster precursory information	7.1.21
discharge area	2.7.21
discharge orifice of dam	6.5.23
disintegration	2.8.16
displacement meter	7.1.72
disturbed rock/soil sample	4.2.21
diversion dike	6.5.14
doline, krast funnel	2.3.15
down-inclined retaining wall	6.4.11
drain pipe	6.2.7
drainage canal	6.5.11
drainage conduit of dam	6.5.22
drainage ditch	6.2.3
drainage gallery	6.2.17
drainage hole	6.2.14
drawing of excavation engineering	4.2.24
drawn-in	6.6.27
drilling engineering	4.2.5
dry season	2.2.14
dry-masonry support method	6.4.74
duration of confluence	6.2.24
duration of rainfall	6.2.25
dynamic analysis	5.1.10
dynamic coefficient	2.6.20
dynamic monitoring	7.1.12
dynamic penetration test	4.2.45
dynamic pressure stowing	6.3.30
dynamic test of piles	11.15

E

early warning signal	7.2.28
early-warning grade of geohazard meteorological risk	7.2.5
earthquake	2.6.1
earthquake effect	2.6.13
earthquake magnitude	2.6.4
earthquake monitoring	7.1.26
earthquake monitoring and waming device	7.1.91
earth-rock excavation	6.3.6

ecological slope protection	6.7.2
effective prestress	6.6.28
effective rainfall	7.2.7
elastic deformation	2.8.45
electrical exploration	4.2.13
electronic total station	7.1.71
embedded length of anti-slide pile	6.4.49
emergency avoidance of geological hazards	8.3.4
emergency exercise	8.2.2
emergency management system for geological disaster	8.1.4
emergency operation mechanism of geological hazard	8.1.7
emergency rescue	8.2.6
emergency response grade of geological disaster/hazard	8.1.2
emergency response to geological disaster	8.2.3
emergency shelter for victims of geological disaster	8.3.5
emergency support	8.3.1
emergency system for geological disaster	8.1.5
emergency treatment of geological hazards	8.3.14
engineering change	9.6
engineering geological conditions	2.1.3
engineering geological map	4.1.13
engineering geological mapping	4.1.1
engineering geological profile/cross section	4.1.14
engineering geological test	4.2.25
engineeringed landslide, landslide induced by engineering activities	3.3.32
epicentre	2.6.3
equipment needed for geohazard emergency	8.3.2
excavation engineering	4.2.6
excavation intensity	6.3.16
excavation, cut	6.3.7
exceeding probability	2.6.23
expanded excavation	6.3.19
expansion joint	6.4.26
expansion rate	2.8.21
expected loss analysis	5.4.12
exploration grid	4.2.18
exploration line	4.2.17
exploration point	4.2.16
exploration profile	4.2.19
extensometer	7.1.48

external stability analysis	6.4.21
extra design tension	6.6.25
extraction in limited coal thickness	3.5.38
extraction with back stowing	3.5.39
extreme precipitation	2.2.8

F

factor of safety	5.1.3
factor of stability	5.1.2
falling type bank collapse	3.8.4
falling-type rockfall	3.2.10
fault	2.5.6
feasibility analysis of geohazard prevention	6.1.3
fill	6.3.23
filling	6.3.27
filling grouting	6.6.36
filter	6.2.19
filter heap	6.4.27
final acceptance stage	11.7
first fill grouting	6.6.16
fissure water	2.7.6
fixed end of anti-slide pile	6.4.50
fixed trestle	6.4.73
flexible displacement meter	7.1.78
flood season	2.2.13
flow velocity measurement	7.1.64
flowmeter	7.1.80
fluvial terrace, river terrace	2.3.11
focal mechanism	2.6.12
focus, seismic source	2.6.2
fold	2.5.2
fore-pile resistance of soil/rock	6.4.53
forepoling, advance support	6.4.77
foundation coefficient	6.4.58
foundation inspection	9.4
foundation pad	6.3.21
fracture zone of ground fissure	3.6.9
free segment of cable	6.6.9
freeboard phenomenon in curveway	3.4.29
freeze-thaw hazard/disaster	3.8.22

french drain, blind drainage ditch	6.2.12
frequency of debris flow	3.4.25
fuzzy comprehensive evaluation	7.2.19

G

gabion dam	6.5.7
geodisaster/geohazard forecast	7.2.2
general stratigraphic column, synthetical stratum histogram	4.1.12
geo disaster/geohazard early-warning	7.2.3
geodetic deformation survey	7.1.38
geodisaster assessment	5.2.2
geodisaster situation	5.2.1
geodisaster/geohazard emergency engineering and rescue	8.3.20
geodisaster/geohazard prediction	7.2.1
geoenvironmental conditions	2.1.2
geography, landform	2.3.2
geohazard assessment level	5.3.8
geohazard assessment model	5.4.14
geohazard early-warning decision support and emergency command system	12.10
geohazard early-warning system	12.11
geohazard emergency assessment	8.3.15
geohazard emergency management	8.1.3
geohazard emergency monitoring	8.3.18
geohazard emergency response	8.1.1
geohazard emergency survey	8.3.16
geohazard emergency survey report	8.3.17
geohazard exploration	4.2.3
geohazard forecasting system	12.8
geohazard information management system	12.2
geohazard investigation information system	12.3
geohazard investigation stage	4.2.2
geohazard mapping	4.1.6
geohazard meteorological early-warning system	12.9
geohazard meteorological risk early-warning	7.2.4
geohazard monitoring	7.1.1
geohazard observation and prevention by everyone	7.1.34
geohazard remote sensing survey	4.1.5
geohazard risk	5.4.7
geohazard survey	4.1.3
geohazard susceptibility assessment	5.4.2

geohazard susceptibility zoning and risk assessment system	12.7
geological environments	2.1.1
geological hazard (geohazard), geological disaster (geodisaster)	3.1.1
geological hazard investigation charge	10.2
geological reconnaissance	4.1.2
geological structure	2.5.1
geomorphic type	2.3.3
geomorphic unit	2.3.4
geomorphy, topography	2.3.1
geophysical exploration	4.2.12
geosound monitoring	7.1.18
glacier or snow melt induced debris flow	3.4.10
grade of disaster degree	5.2.4
grade of geological disaster situation	3.1.5
grade of rainfall intensity	2.2.5
gradient of debris flow gully	3.4.16
gravity retaining wall	6.4.3
grey system model	7.2.16
grid dam	6.5.6
ground absolute displacement	7.1.5
ground collapse	3.5.1
ground collapse caused by water impoundment	3.5.12
ground collapse caused by water pumping	3.5.11
ground collapse due to drainage	3.5.10
ground collapse due to mining	3.5.17
ground damage effect	2.6.14
ground displacement measured by GPS	7.1.43
ground fissure	3.6.1
ground inclination	7.1.7
ground incline monitoring	7.1.49
ground motion parameter	2.6.17
ground patrol method	7.1.28
ground relative displacement	7.1.6
ground stress test	4.2.40
ground surface deformation effect of ground fissure	3.6.6
ground surface incline deformation	3.5.33
groundwater	2.7.1
groundwater dynamic monitoring	7.1.13
groundwater level	2.7.2
groundwater occurrence conditions	2.7.15

groundwater recharge conditions	2.7.16
groundwater type	2.7.4
grouting	6.6.33
grouting in separated-bed	6.3.31
grouting pressure	6.6.37
grouting test	6.6.39
grouting volume	6.6.38

H

harm degree of geohazard	5.3.7
hazard analysis	5.3.3
hazard assessment, assessment before a disaster	5.2.5
hazard-affected body	3.1.4
head, landslide platform	3.3.16
height of debris flow surface	3.4.28
high position debris flow	3.4.6
high-strain dynamic testing	11.17
homogeneous soil landslide, homogeneous rockmass landslide, homogeneous landslide	3.3.26
horizontal displacement factor	3.5.36
human engineering activity monitoring	7.1.27
hydraulic drop	6.2.8
hydraulic gradient	2.7.27
hydraulic stowing; hydraulic stowage; hydraulic silting; slushing; hydraulic fill	6.3.28
hydraulic support, powered support	6.4.70
hydrogeological conditions	2.1.4
hydrogeological division	2.7.18
hydrogeological unit	2.7.17
hydrologic elements	2.2.10
hydrology	2.2.9
hydrostatic pressure stowing	6.3.29

I

image measuring instrument	7.1.83
imminent prediction of geohazard	7.2.25
impact force of debris flow	3.4.32
importance coefficient of a structure	6.4.62
index system for geohazard evaluation	5.4.13
individual project, single project	6.1.16
individual risk	5.4.8
induced factor monitoring	7.1.22

infiltration test	2.7.34
influence zone of ground fissure	3.6.8
information construction	6.1.21
information design	6.1.6
information issue of geohazard	8.2.4
information management system for geohazard prevention	12.5
information system for geohazard prevention management	12.6
information system of geohazard emergency	8.3.12
informational method	7.2.18
infrasound monitoring and warning device	7.1.90
insequent landslide	3.3.28
in-situ inspection	11.9
in-situ test	4.2.27
inspection of structural performance	11.10
instrument monitoring	7.1.35
integrity test of piles	11.14
intercepting ditch	6.2.2
interferometric synthetic aperture radar, InSAR	7.1.46
intermediate-term prediction of geohazard	7.2.23
internal force of a pile	6.4.57
internal friction angle	2.8.25
internal stability analysis	6.4.22
interval excavation	6.1.23
investigation of geohazard	4.2.1

J

joint	2.5.11
joint coordination mechanism	8.1.8
joint measurement	7.1.50

K

K method	6.4.60
karst	2.3.13
karst cave	2.3.14
karst collapse	3.5.2
karst gas explosion	3.5.13
karst groundwater/gas pressure monitoring	7.1.61
karst trough valley	2.3.16
karst water	2.7.7
kinematic coefficient of debris flow	3.4.33

L

laminar flow	3.4.30
land subsidence, ground subsidence	3.7.1
land use assessment	5.3.17
landslide air wave	3.3.45
landslide bed	3.3.4
landslide boundary	3.3.8
landslide classification	3.3.25
landslide cracks	3.3.21
landslide dynamics	3.3.41
landslide elements	3.3.2
landslide group	3.3.34
landslide precursor	3.3.43
landslide reactivation, landslide revival	3.3.42
landslide spring	3.3.23
landslide surge	3.3.44
landslide thrust	6.4.51
landslide thrust curve	6.4.52
landslide, slide	3.3.1
large scale direct shear test	4.2.37
large scale unit weight test	4.2.38
laser micro displacement measurement	7.1.42
laser scanning	7.1.44
lattice frame revetment	6.7.7
layerwise mark	7.1.53
leak tunnel	6.2.16
legislation for geohazard emergency	8.1.9
level of geohazard	5.3.5
leveling	7.1.37
LiDAR monitoring	7.1.54
limited water level of reservoir for flood control	2.2.16
lineation	2.5.19
lining	6.4.67
linking beam	6.4.46
liquid limit	2.8.11
liquidity index	2.8.14
load-dispersion type anchorage cable	6.6.15
locking load	6.6.26
locking wellhead	6.4.47

loess collapse	3.8.17
loess hillock	2.3.19
loess ridge	2.3.18
loess tableland	2.3.17
long-runout landslide	3.3.33
load reduction through slope cutting	6.3.1
long-term prediction of geohazard	7.2.22
low-strain intergrity testing	11.16

M

m method	6.4.59
macro phenomenon monitoring	7.1.20
magmatic rock, igneous rock	2.4.1
main body of landslide, landslide body	3.3.3
main gully length of debris flow	3.4.15
main scarp	3.3.10
major cross-section of subsidence basin	3.5.25
manual digging pile	6.4.33
manual excavation	6.3.8
map of original data, map of primitive data, field map	4.1.10
map of remote sensing interpretation	4.1.11
masonry gravity dam	6.5.3
masonry mortar	6.4.25
masonry, stone masonry	6.3.25
material source of debris flow	3.4.22
maximum dry density	6.3.37
mechanism of landslide	3.3.40
metamorphic rock	2.4.3
meteorology	2.2.1
microseismic monitoring	7.1.57
mined-out area	3.5.15
mining-induced earthquake, mine quake	3.8.21
minor scarp	3.3.12
modulus of elasticity	2.8.47
moisture content test	4.2.28
moisture content, water content of soil	2.8.4
monitoring and warning	7.2.26
monitoring of debris flow level	7.1.15
mortar plastering	6.4.24
movement area of debris flow	3.4.19

mud flow, mudflow	3.4.2
mud level meter/gauge	7.1.77
multiple field monitoring	7.1.9

N

natural landslide	3.3.31
neotectonic movement	2.6.8
net spacing of anti-slide pile	6.4.41
network system for geohazard emergency	8.3.10
nonlinear model	7.2.17
nontectonic ground fissure	3.6.4
normal fault	2.5.7
normal stiffness of discontinuity	2.8.42
normal water level of reservoir	2.2.15
nuclear magnetic resonance	7.1.70
numerical simulation	5.1.13

O

oblique slope	2.3.7
occurrence of ground fissure	3.6.12
occurrence probability of geohazard	5.4.15
old karst collapse	3.5.8
on-spot emergency response to geohazard	8.2.7
on-spot emergency response to geological disaster	8.2.8
optical fiber sensor	7.1.65
optical fibre Bragg grating sensor	7.1.66
optimum moisture content, optimum water content	6.3.36
outer fixed end	6.6.30
over-excavation	6.3.17

P

painting mark method	7.1.32
passive flexible protection network	6.7.5
peak strength	2.8.40
perched water	2.7.10
permeability	2.7.11
permeability coefficient, hydraulic conductivity	2.7.29
permeable stratum	2.7.14
phreatic line, saturation line	2.7.3
phreatic water	2.7.9

physical model test	5.1.12
pier support dam	6.5.4
piezo-cone penetration test, CPTU	4.2.44
piezometer	7.1.82
pile bottom support	6.4.56
pile group effect	6.4.44
pile-side elastic resistance	6.4.54
pile-side elastic resistance coefficient	6.4.55
piping	3.8.7
planation surface	2.3.12
planning for geohazard emergency	8.2.1
plastic deformation	2.8.46
plastic index	2.8.13
plastic limit	2.8.12
plasticity	2.8.10
platform for geohazard emergency management	8.3.8
point load test	4.2.39
pointing joint	6.4.23
Poisson's ratio	2.8.49
pore water	2.7.5
pore water pressure monitoring	7.1.17
pore water pressure measurement	7.1.63
porosity	2.8.6
post fill grouting	6.6.17
post high pressure grouting	6.6.18
precipitation	2.2.3
prediction assessment of geohazard	5.3.15
prediction index system	7.2.10
predominant period	2.6.19
pre-grouting	6.6.34
preliminary design	6.1.4
preparedness for geohazard emergency	8.2.5
present situation assessment of geohazard	5.3.14
presplitting blasting	6.3.13
pressure gauge, pressure cell	7.1.84
pressure-type cable	6.6.13
prestress loss	6.6.29
prestressed anchor bar	6.6.4
prestressed anchor rope, prestressed anchor cable	6.6.5
prestressed steel strand	6.6.6

pretension	6.6.32
prevention and control of geohazards	6.1.1
prevention and control works for geohazards	6.1.2
primary lining	6.4.65
probability analysis	5.1.11
project cost	10.1
project effect monitoring	7.1.3
project invitation for bid, calling for tenders of project	11.8
project proposal	11.2
project quality evaluation	11.19
project supervision	9.1
project unit	6.1.17
proper pile spacing	6.4.42
protective layer	6.3.15
pseudo-static analysis	5.1.9
pull-out test	11.12
pump-in test, water pressure test, packer test	2.7.32
pumping test	2.7.31

Q

quick reporting system for geological disaster	8.1.10

R

radial cracks	3.3.18
radioactive element monitoring	7.1.19
radon measurement	7.1.58
rainfall induced debris flow	3.4.9
rainfall intensity	2.2.4
rainfall intensity criterion	7.2.8
rainfall monitoring	7.1.24
rainfall recorder	7.1.79
rainfall threshold	7.2.9
rate of core recovery, collecting rate of drill core	4.2.22
rate of land subsidence	3.7.4
rate of land subsidence center	3.7.6
rate of regional land subsidence	3.7.5
real-time prediction model for a single geohazard	7.2.21
recent karst collapse	3.5.9
recharge area	2.7.19
reinforced soil retaining wall	6.4.13

reinforcement meter	7.1.85
reinforcement of anti-slide pile	6.4.61
relative density	2.8.8
relaxation	2.8.55
release of real-time forecast information	7.2.27
remote sensing	4.2.4
remote sensing survey	7.1.45
remote video consultation system for geohazard	8.3.11
repeated direct shear test	4.2.36
replacement layer of compacted fill	6.3.22
reservoir bank reformation	3.8.2
residual strength	2.8.41
resistance strain gauges	7.1.87
retaining slab	6.4.45
retaining wall	6.4.1
retaining wall with soil nail	6.4.16
retrogressive landslide	3.3.29
reverse construction technique	6.1.22
reverse fault	2.5.8
reverse slope	2.3.6
revetment embankment	6.5.16
rheology	2.8.53
rigid limit equilibrium analysis	5.1.8
ring shear test	4.2.52
riprap	6.3.26
risk assessment	5.4.11
risk assessment of geohazard	5.3.2
risk control	5.4.18
risk estimation	5.4.10
risk management	5.4.19
risk treatment	5.4.17
river training structure, regulating structure	6.5.8
rock and soil temperature monitoring	7.1.25
rock and soil test	4.2.26
rock burst	3.8.18
rock density	2.8.27
rock disintegration test	4.2.30
rock filling	6.3.24
rock freeze-thaw test	4.2.31
rock mass discontinuity	2.5.14

rock porosity	2.8.33
rock pressure, underground pressure	3.5.16
rock quality designation, RQD	4.2.57
rock specific gravity	2.8.26
rock swelling test	4.2.29
rock void index	2.8.34
rock water absorption	2.8.30
rock water saturation	2.8.31
rock water saturation coefficient	2.8.32
rockfall precursor	3.2.13
rockmass structure	2.5.15
roll, rolling	6.3.32
root pile	6.4.32
runoff	2.2.11
runoff area	2.7.20
runoff coefficient	6.2.21
runoff gathering pit	6.2.6
runoff modulus	2.2.12
rupture	2.5.5

S

Saito model	7.2.14
sand liquefaction	2.6.16
sampling witness	9.5
sand-guide channel	6.5.19
scale of debris flow	3.4.24
scale of geohazard mapping	4.1.7
scale of ground collapse	3.5.4
scale of landslide	3.3.35
scale of rockfall	3.2.11
scheme comparison	6.1.9
secondary consolidation settlement	3.7.10
secondary lining	6.4.68
section height of compression zone	6.4.43
sedimentary rock	2.4.2
sedimentation basin, silting basin	6.5.18
seepage	2.7.23
seepage deformation	3.8.6
seepage field	2.7.25
seepage flow	2.7.24

seepage force	2.7.28
seepage velocity	2.7.26
seismic coefficient	2.6.21
seismic exploration	4.2.14
seismic fortification intensity	2.6.22
seismic geology	2.6.7
seismic ground fissure	3.6.5
seismic ground motion effect of ground fissure	3.6.7
seismic hazard/disaster	3.8.15
seismic intensity	2.6.5
seismic peak acceleration	2.6.18
seismic wave	2.6.6
seismo-active fault	2.6.10
seismogenic structure	2.6.11
semi-gravity retaining wall	6.4.4
severe precipitation	2.2.7
shaft	4.2.8
shallow shaft	4.2.7
shape of ground fissure in plane	3.6.10
shape of ground fissure on profile	3.6.11
shear joint	2.5.13
shear stiffness	6.4.38
shear stiffness of discontinuity	2.8.43
shear strength	2.8.39
sheet-pile retaining wall	6.4.8
shelf retaining wall	6.4.5
shield hydraulic support, shield powered support	6.4.71
short-hole blasting	6.3.9
short-term prediction of geohazard	7.2.24
shotcrete-anchorage support	6.4.66
shrinkage rate	2.8.22
side edges of landslide	3.3.11
side ditch	6.2.4
simple monitoring	7.1.29
sinkhole	3.5.3
site acceptance	11.11
site investigation stage	11.4
slide-prone strata	3.3.48
sliding axis	3.3.7
sliding resistance key	6.4.36

sliding surface, slip surface, rupture surface	3.3.5
sliding zone	3.3.6
sliding-type bank collapse	3.8.5
sliding-type rockfall	3.2.8
slip fault	2.5.9
slit dam	6.5.10
slope angle	2.3.9
slope cutting	6.3.2
slope failure effect	2.6.15
slope form	2.3.8
slope protection project	6.7.1
slope ratio method	6.3.5
slope surface preparing	6.3.3
smooth blasting	6.3.11
social risk	5.4.9
softening coefficient	2.8.44
soil and water loss, water loss and soil erosion	3.8.16
soil density	2.8.2
soil flow, quick sand	3.8.8
soil moisture tacheometer	7.1.81
soil nailing	6.6.12
soil-mechanical debris flow	3.4.12
source area of debris flow	3.4.18
spaceborne SAR	7.1.47
spatial prediction model of regional hazard	7.2.20
spatial prediction of geohazard	7.2.6
specific gravity of soil particle	2.8.1
spray anchor slope protection	6.7.4
stability analysis method	5.1.4
stability evaluation	5.1.1
stagnant area	6.5.15
standard encoding system of geohazard prevention and control	12.1
standard penetration test, SPT	4.2.46
static strain gauge	7.1.88
steel pipe pile	6.4.35
step-slope	6.3.4
stereographic projection analysis	5.1.7
stilling basin	6.5.17
storm rainfall recurrence period	2.2.6
strain monitoring	7.1.11

strata movement	3.5.20
stress measurement	7.1.55
stress monitoring	7.1.10
sturzstrom, catastrophic debris flow	3.4.14
subcritical mining	3.5.24
subdivision project	6.1.18
sub-divisional project	6.1.19
subsidence area due to mining	3.5.19
subsidence basin	3.5.22
subsidence coefficient	3.5.35
subsidence due to mining	3.5.18
subsidence value of full extraction, maximum subsidence value of full extraction	3.5.37
subsidence zone	3.5.29
subsurface drainage engineering, underground drainage engineering	6.2.9
supervision institution	9.2
supporting french drain	6.2.13
supporting seeping groove	6.2.5
surface drainage engineering	6.2.1
surface horizontal displacement value	3.5.32
surface movement	3.5.21
surface subsidence value	3.5.31
surface water dynamic monitoring	7.1.14
survey of losses caused by geological disaster	4.1.4
susceptibility of geohazard	5.4.1
susceptible area of geohazard	5.4.3
swell-shrink characteristics	2.8.15
syncline	2.5.4

T

talus	3.2.6
tamp, tamping	6.3.33
terrace steps on landslide surface	3.3.17
technological consultation of emergency response	8.3.19
tectonic ground fissure	3.6.3
temporary support	6.4.76
tensile strength	2.8.35
tensile strength test of rock	4.2.34
tension joint	2.5.12
tension-type cable	6.6.14
termination of emergency response	8.2.10

the first part of debris flow	3.4.27
thickness of landslide	3.3.36
toe	3.3.13
toe of surface of rupture, landslide tongue	3.3.22
tongue of landslide foot	3.3.14
toppling-type rockfall	3.2.9
toughness	2.8.52
tracer method	7.1.62
transverse cracks	3.3.20
transverse ridges	3.3.19
trench	4.2.11
trial pit	4.2.10
triaxial compression test of rock	4.2.33
triaxial compressive strength	2.8.38
triaxial shear test	4.2.47
tsunami	3.8.13
turbulent flow	3.4.31
types of rockfall	3.2.7

U

ultrasonic testing of concrete piles	11.18
unconsolidated-undrained triaxial test, UU Test	4.2.48
under-excavation	6.3.18
underground displacement	7.1.8
underground engineering	6.1.20
undeterministic prediction model	7.2.13
undisturbed rock/soil sample	4.2.20
undrained direct shear test	4.2.53
uniaxial compression test of rock	4.2.32
uniaxial compressive strength	2.8.37
unit of geological mapping	4.1.9
unit weight of rock	2.8.28
unit weight of soil	2.8.3
upper edge of landslide	3.3.9
up-inclined retaining wall	6.4.10
upright retaining wall	6.4.12

V

vacuum suction	3.5.14
vane shear test	4.2.42

vertical hole group	6.2.15
V-groove	6.5.13
viscosity	2.8.50
viscous debris flow	3.4.8
void ratio	2.8.5
volcano eruption	3.8.14
vulnerability	5.4.5
vulnerability analysis	5.4.6

W

wall protection	6.4.48
water confluence zone	3.4.21
water content of rock	2.8.29
water head loss	2.7.22
water injection test	2.7.33
water inrush	3.8.19
water level fluctuation of reservoir	2.2.17
water level meter/gauge	7.1.76
water-mechanical debris flow	3.4.13
watershed, drainage divide	2.3.10
weak discontinuity, plane of weakness	2.5.16
weather monitoring	7.1.23
wet masonry support method	6.4.75
wall toe	6.4.20

Z

zoning assessment of geohazard, divisional assessment of geohazard	5.3.13
zoning map of geohazard susceptibility	5.4.4
zoning of geohazard, zonation of geohazard	5.3.11
zoning/zonation map of geohazard prevention and control	5.4.21
zoning/zonation map of geohazard risk	5.4.20